I0030920

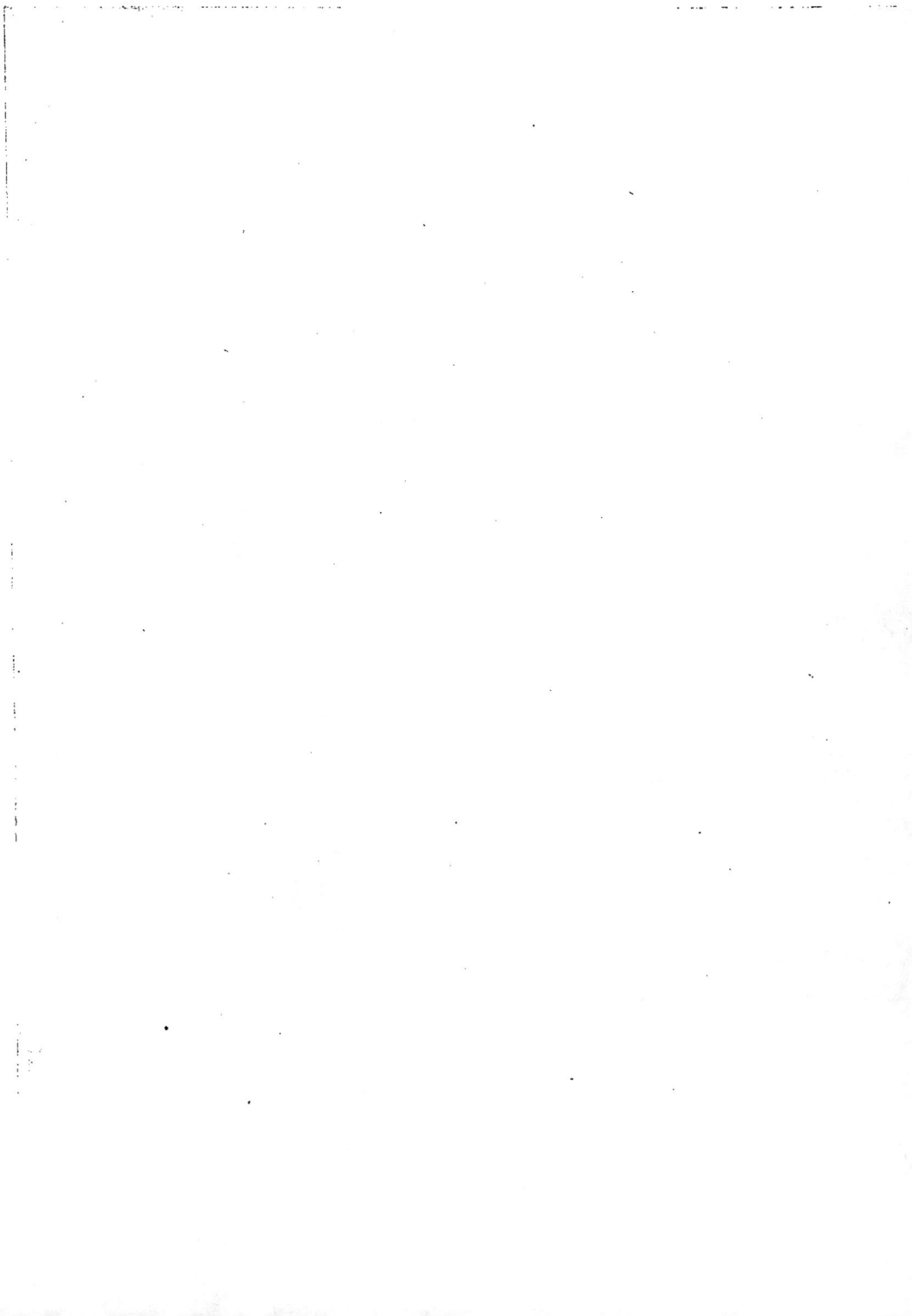

GRANDES VOIES DE COMMUNICATION

ENTRE

LA GARONNE ET L'ÈBRE.

13553

IMPRIMERIE DE HENNUYER ET TURPIN, RUE LEMERCIER, 24. BATIGNOLLES.

GRANDES VOIES DE COMMUNICATION

ENTRE

LA GARONNE ET L'ÈBRE.

AVANT-PROJET DÉTAILLÉ DE L'ARTÈRE PRINCIPALE,

et aperçus sommaires sur ses ramifications,

PAR

M. Colomès de Juillan,

INGÉNIEUR EN CHEF DES PONTS ET CHAUSSÉES,
DÉPUTÉ DES HAUTES-PYRÉNÉES.

TOME PREMIER.

PARIS

CHEZ CARILIAN-GOEURY ET VICTOR DALMONT,
LIBRAIRES DES CORPS ROYAUX DES PONTS ET CHAUSSÉES ET DES MINES,
QUAI DES AUGUSTINS, 39.

1842

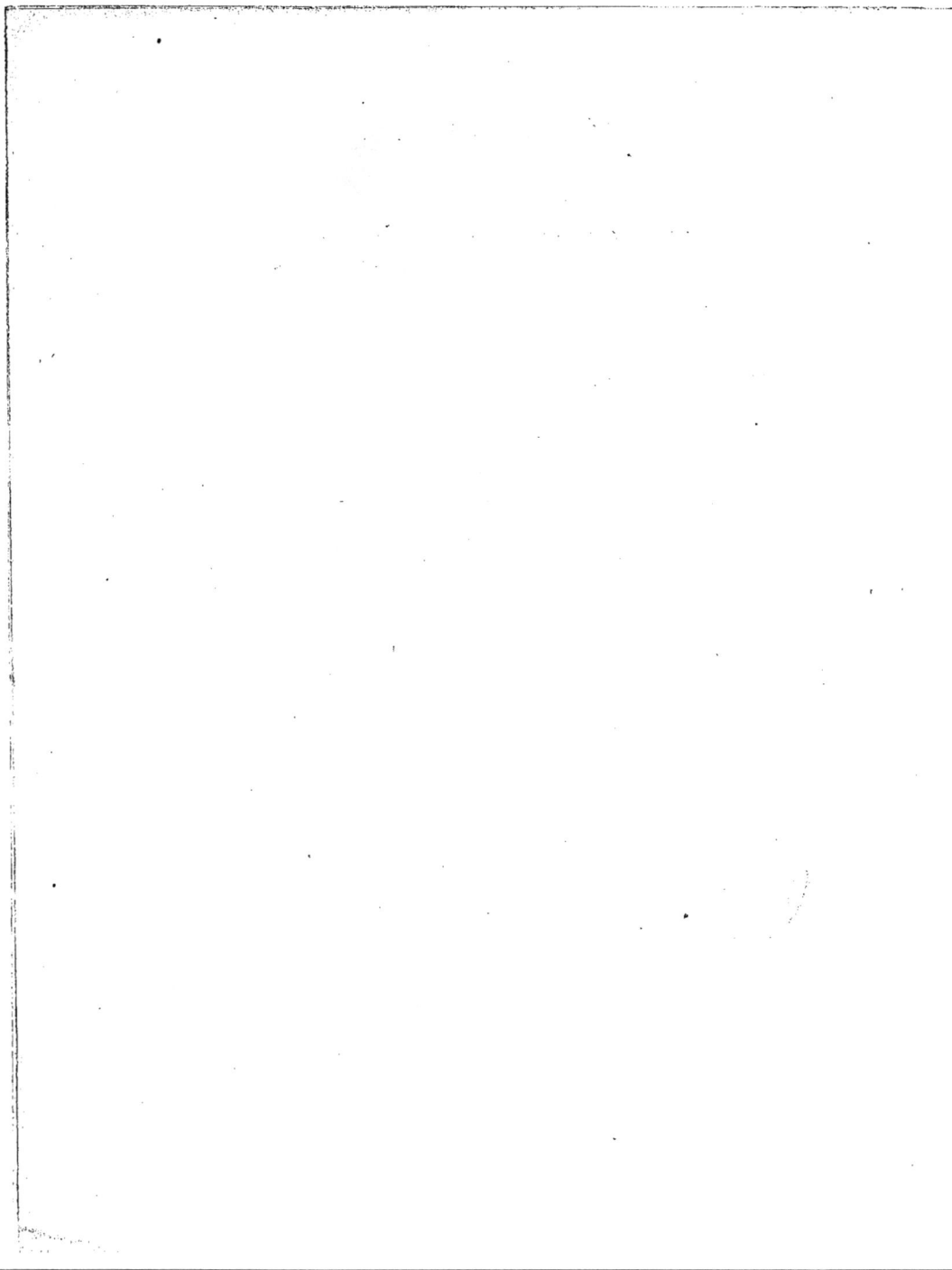

TABLE DES MATIÈRES.

	Pages
Avant-propos	1

PREMIÈRE PARTIE.
CHEMIN DE FER DE LOURDES A LA GARONNE.
CHAPITRE I".
Description générale.

§ I. Topographie sommaire	5
Disposition générale	ib.
§ II. Traversée du contre-fort de Mascaras. — Passage de l'Adour dans la Garonne	6
Deux lignes de passage	7
Souterrains	ib.
Descente aux abords	ib.
Conclusion sur la comparaison	8
Direction par Mirande	ib.
Conclusion résumée	9
§ III. Passage du Gave dans l'Adour	ib.
Point de partage à Lourdes	ib.
Ancien plat-fond des trois vallées	10
État actuel	11
Branche occidentale	ib.
Branche méridionale	ib.
Branche orientale	ib.
Difficultés graves du bassin inférieur du Gave	12
Vallée de l'Ousse	ib.
§ IV. Jonction entre la ligne venant de Lourdes et celle qui, du souterrain de Mascaras, descend dans l'Arros	13
Vallée de l'Adour	ib.
Direction par Sauveterre	15
Conclusion	ib.
§ V. Jonction entre la Garonne et le pied de la pente descendue du souterrain de Mascaras	16
Bassins de la Guiroue et de l'Osse	ib.
Système de voie qui leur convient	17
Bassin de la Gélise	18

Plaine de Lavardac	19
Vallon de Trinqualéon	ib.
Bassin de la Garonne	ib.
Rattachement au canal latéral et au chemin de fer de Bordeaux à Marseille.	20

CHAPITRE II.
ASSIETTE DU CHEMIN DE FER.

§ I. Principes généraux	21
But des chemins de fer	ib.
Perte de temps aux stations	23
Moyens d'accélérer le départ	24
Stations intermédiaires	27
Conclusion	28
Organisation des convois	ib.
Influence des pentes	29
Influence des courbes	ib.
Rapprochement	30
§ II. Stations principales. — Détermination du chemin de fer par rapport à ses pentes	31
Points désignés par les relations actuelles	32
Complément de stations principales exigé par les nécessités futures	ib.
Station d'Artagnan	33
Station du chemin de Callian	ib.
Station de la route départementale de Condom à Montréal	34
Détails sur chaque station	35
Station de Lourdes	ib.
Cols de Sarsan et d'Anclades	ib.
Plateau de Lourdes	ib.
Point de concours des trois branches	36
Branche orientale de la Garonne	ib.
Branche méridionale vers les Pyrénées	ib.
Union des deux branches	37
Branche occidentale vers Bayonne par l'Ousse	38
Par le Gave	39
Exploitation de Lourdes. — Intérêts de la cité	40
Marbre d'Aspin	41
Lavasses	ib.

	Pages
Ardoises	41
Pierres de taille.	42
Chaux.	ib.
Résumé	43
Station de Tarbes.	44
Station d'Artagnan.	46
Station de l'Arros.	47
Station du chemin de Callian.	48
Stations de Vic-Fezenzac. — De la route de Condom à Montréal.	ib.
Dispositions générales entre les stations.	ib.
Tableau des inclinaisons entre Lourdes et Pont-de-Bordes.	50
§ III. Tracé du chemin de fer par rapport à ses alignements.	52
Plateau d'Anclades.	ib.
Bassin de l'Échez. — Angle de la Géline.	ib.
Bénac.	ib.
Bassin de l'Adour.	ib.
Sauveterre.	ib.
Bassin de l'Arros.	ib.
Traversée de l'Arros.	53
Bassin du Lys.	ib.
Bassin de la Menette.	ib.
Bassins de la Guiroue et de l'Osse.	54
Passage de la Tillade.	ib.
Dispositions générales dans le reste du bassin.	ib.
Bassins de la Gélise — de la Baïse — de la Garonne.	56
Tableau des alignements droits ou courbes entre Lourdes et Pont-de-Bordes	57
§ IV. Description du tracé par les lieux principaux qui l'avoisinent.	60
Bassin de l'Échez.	ib.
Plaine de l'Adour.	ib.
Bassin de l'Arros	ib.
Bassin du Lys.	ib.
Souterrain.—Vallon de la Menette	61
Bassin de la Guiroue.	ib.
Bassin de l'Osse.	ib.
Bassin de la Gélise.	62
Bassin de la Baïse.	ib.
Bassin de la Garonne.	ib.
§ V. Profil en travers du chemin de fer.	ib.
Largeur au couronnement de la chaussée.	ib.
Talus et fossés.	63
CHAPITRE III.	
ORGANISATION DES TRAVAUX. — COMBINAISONS FINANIÈRES.	
§ I. Considérations générales.	64
Mécomptes éprouvés par les compagnies. —A qui les attribuer	64
Quatre époques distinctes dans toute grande entreprise	ib.
Conception	ib.
Avant-projet.	65
Projet.	66
Exécution	ib.
Ce qui a été fait pour le chemin de fer des Pyrénées	67
Principes généraux qui ont présidé aux évaluations	68
Deux époques	ib.
Établissement d'une voie avec ses gares d'évitement. — Complément de la seconde voie.	69
Concours simultané de l'État, des localités et des compagnies	ib.
§ II. Évaluations des travaux, en quantités de chaque espèce d'ouvrages.	79
Considérations générales	ib.
Sol occupé	80
Terrassements	81
Fouilles	82
Transports des déblais.	83
Jet de pelle.	ib.
Brouette	84
Tombereau	85
Voie de fer	ib.
Pilonage	87
Travaux d'art.	ib.
Ponts, pontceaux, aqueducs, viaducs	ib.
Souterrain de Mascaras	91
Voies de fer.	ib.
Bâtiments et dépendances, matériel des transports, frais généraux.	ib.
Passages à niveau.	ib.
§ III. Évaluation en journées et en argent.	92
Détail estimatif et sous-détails.	94
Chemin de fer d'Arcizac à Pont-de-Bordes	96
Chemin de fer d'Arcizac à Lourdes.	100
§ IV. Résumé général des évaluations.	102
Dépense de chaque période.	ib.
Main-d'œuvre locale.	ib.
Application des prix de Paris.	103
Partage de la dépense entre les départements, l'État et la compagnie.	104

TABLE DES MATIÈRES.

NOTE A.

§ **I. Cube des terrassements. — Modes**
d'évaluation. 106

Représentation du terrain. . . . . . *ib.*
Dangers de la permanence dans le sens des
erreurs partielles. . . . . *ib.*
Profil en long. 107
Profils en travers. . . . . *ib.*

§ **II. Mouvement des terres. — Jet de**
pelle. 108

Amplitude du jet. . . . . *ib.*
Temps nécessaire au jet d'un mètre cube
de terres. . . . . *ib.*

§ **III. Transports à la brouette.** . . 109

Charge et décharge. . . . . *ib.*
Brouettage. . . . . *ib.*
Horizontal. . . . . *ib.*
Ascendant. . . . . *ib.*
Tableau des efforts nécessaires à l'ascension
suivant les diverses pentes. . . . 110
Analyse du tableau. 111
Rapprochement avec le mode d'évaluation
usité. . . . . *ib.*
Brouettage descendant. . . . . . . *ib.*
Application des principes établis, aux rem-
blais d'emprunt. 112
Erreur en moins de la méthode ordinaire
d'évaluation. 115
Application des principes aux déblais re-
troussés. — Forme des cavaliers la plus
économique. 116
Le sol étant horizontal et fourni gratuite-
ment. . . . . *ib.*
Le sol étant horizontal, mais non gratuit. 118
Le sol étant incliné et payé. 121
Application aux fouilles pour emprunts,
des principes exposés à l'occasion des
cavaliers de retroussement. . . . 122
Prix du transport horizontal, pris pour
unité de dépense dans le brouettage. 123
Rapprochement entre le transport à la
brouette et le jet de pelle. . . . *ib.*

§ **IV. Transports par tombereaux.** 124

Considérations générales. . . . . . *ib.*
Prix de la charge réunie à la décharge. *ib.*
Prix du voiturage. 125
Attelage de deux chevaux. . . . . . *ib.*
Attelage de trois chevaux. . . . . . *ib.*
Attelage à un cheval. . . . . . . *ib.*
Expressions diverses de la dépense. . . *ib.*

Point de séparation où cesse l'utilité de
chaque attelage et de la brouette. . . 126
Voiturage ascendant. . . . . . . *ib.*
Voiturage descendant. 128
Utilité comparative des divers attelages. . 131

§ **V. Transports sur voie de fer.** . . 132

Considérations générales. . . . . . *ib.*
Embarras et difficultés à la charge et à la
décharge. 133
Utilité du doublement de la voie de fer. . 134
Gares d'évitement intermédiaires, au lieu
d'une voie double. — Graves inconvé-
nients 135
Machines locomotives. . . . . . . *ib.*
Emploi des chevaux plus généralement
applicable. . . . . *ib.*
Célérité dans l'exécution. 136
Lenteurs au déchargement. . . . . . *ib.*
Moyens d'accélération. — Multiplicité des
voies d'à-bout. 137
Échafaudage mobile. . . . . *ib.*
Division d'un remblai par assises. . . . 138
Organisation des chantiers au charge-
ment. 139
Rapprochement avec les nécessités de la
décharge. . . . . *ib.*
Multiplicité des voies d'à-bout. . . . 140
Division du déblai par assises. . . . . *ib.*
Canal d'ouverture préalable. . . . . *ib.*
Prix du transport. — Éléments de la dé-
pense. 141
Absence de notions détaillées. . . . . *ib.*
Notions résumées aux environs de Paris. . 143
Les divers éléments de la dépense groupés
en quatre catégories . . . . . . *ib.*
Les quatre réduites à deux. 144
Forme algébrique de la dépense. . . . *ib.*
Détermination des coefficients 145
Transports ascendant et descendant. . . 149
Limite des terrassements compensés. . . 150
Observations particulières sur le transport
par wagons. 152

NOTE B.

CONSTRUCTION DES PONTS. — EMPLOI DES LA-
VASSES DE LOURDES 153
Réflexions générales. . . . . *ib.*
Aqueducs ordinaires. . . . . *ib.*
Ponceaux. 154
Ponts. 155
Aqueducs sous grands remblais. . . . 156
Dimensions fondamentales des viaducs. . 158

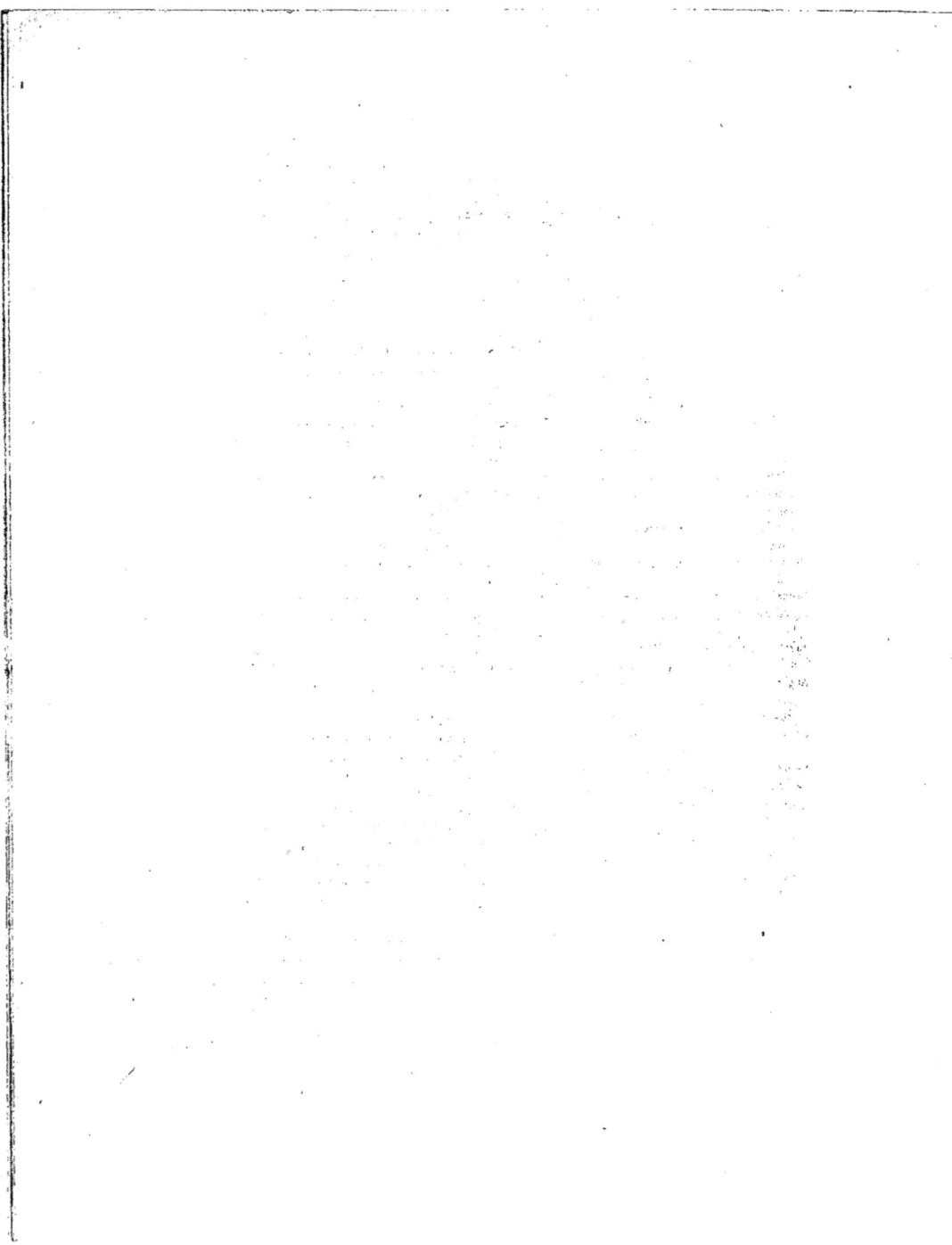

AVANT-PROPOS.

En résumant mes recherches générales sur les grandes voies de communication nécessaires à la région comprise entre l'Èbre et la Garonne, j'ai montré « une artère principale que les nécessités des contrées sous-pyrénéennes aussi bien que les besoins internationaux, ont conduite d'Aiguillon à Barbastro par le fond du Gave de Pau ;

« Du côté de France jusqu'à Villelongue, du côté d'Espagne jusqu'à Voltana ou Fiscal, la topographie parfaitement disposée pour l'assiette d'un chemin de fer qui satisferait aux conditions les plus rigoureuses de l'art ;

« Ce chemin devenant, d'une part, le complément pour les deux pays de leur voie stratégique la plus puissante ; d'autre part, la continuation nécessaire de cette ligne vraiment européenne qui, procédant du nord au midi, sens le plus fécond pour les échanges, viendrait toucher à Bordeaux, après avoir traversé deux capitales au nord et deux au midi.

« C'est là une immense utilité qui assure son avenir. Désormais il est impossible de songer sérieusement à construire le chemin de fer de Paris à Bordeaux, ou bien celui qui doit sillonner le centre de la France, sans que la pensée vienne aussitôt de leur créer une prolongation commune vers l'Espagne centrale par l'Adour et le Gave de Pau.

« Mais il y a plus encore, le chemin d'Aiguillon à Lourdes peut devancer cette ligne européenne, car il a son utilité indépendante. Le système navigable qui s'étend de Marseille à Bordeaux, qui pénètre le Lot, la Dordogne, le Tarn, forme déjà aujourd'hui un assez vaste réseau de grandes voies pour qu'un chemin de fer mérite d'être considéré en lui-même quand il a pour résultat d'ajouter à cette union commerciale un pays important par les éléments de richesse que la nature lui a départis.

« Et qui pourrait nier l'utilité actuelle d'un chemin de fer entre Aiguillon et Lourdes ?

« Là, on trouve des populations amoncelées sur toute l'etendue du trajet ;

« Là, l'exportation des blés et des vins du Gers, des eaux-de-vie de l'Armagnac, des fourrages, des bestiaux, des menus grains de la plaine de Tarbes ;

« Là, tous les développements manufacturiers du haut Adour, de cette oasis industrielle où la nature semble avoir entassé à plaisir tous les éléments du travail ;

« Là, une immense exportation des roches usuelles de Lourdes, des ardoises, des lavasses, des pierres de taille, des marbres, des chaux, des plâtres ;

« Là, l'importation des houilles du Lot allant alimenter de vastes contrées dépourvues de combustible ;

« Là, en un mot, une utilité immédiate si réelle, qu'en prolongeant la ligne seulement jusqu'à Pau, centre des nécessités du Béarn, il n'est pas de point dans tout le pays compris entre la Garonne et l'Espagne qui ne ressentit aussitôt un grand effet de l'établissement de cette voie.

« Cet effet serait plus complet encore si l'on faisait marcher de front d'un côté, la navigation de Toulouse à Saint-Martory, qui donnerait en même temps par des irrigations fécondantes une végétation nouvelle à cette plaine si vaste et si graveleuse ; d'autre part, la dérivation de la Neste dans les quatre principaux vallons de la Gascogne, qui procurerait immédiatement à ces contrées ce qui leur est le plus indispensable pour entrer dans les voies industrielles : *des moteurs économiques* ; enfin la navigation du bas Adour et de la Midouze, dont on s'occupe déjà, et qui ne tardera pas à devenir très-satisfaisante.

« Plus tard on achèverait l'ensemble des voies décrites en continuant le chemin de fer de Pau à Bayonne, celui de Bayonne à Bordeaux, celui de Bordeaux à Agen avec ses embranchements ; puis la navigation du bas Adour jusqu'à Plaisance, celle du Gers jusqu'à Auch, de la Save jusqu'à Lombez, et de la Garonne supérieure jusqu'à Saint-Gaudens.

« L'exploitation de toutes ces contrées ne sera bien complète que par cet ensemble de voies ; mais la plus urgente de toutes, c'est assurément la portion de chemin de fer comprise entre Lourdes et Pont-de-Bordes, car entre ces points il n'y a nulle incertitude sur la meilleure direction, et en même temps c'est là que se rencontre l'utilité la plus actuelle. »

C'est donc un chemin de fer qu'il s'agit avant tout d'étudier et de décrire. D'autres ont frayé la voie déjà depuis quelques années. Alors cet art nouveau venait à peine de naître; alors celui qui n'avait pas eu dans sa vie l'occasion de visiter les rares chemins de fer existant sur le sol étranger, tout le monde à peu près ignorait ce qu'étaient ces voies nouvelles dont il entendait les prodiges sans connaître leurs plus simples rudiments. Les premiers qui furent appelés à les décrire eurent donc une véritable mission d'enseignement public. Rien n'était connu, tout put se dire, tout dut être dit; tout le fut en effet par les hommes supérieurs choisis pour cela, et les détails nombreux qu'ils donnèrent furent accueillis avec empressement.

Aujourd'hui, grâce à eux et à quelques kilomètres de chemin jetés depuis lors comme exemples aux abords des grandes villes, la situation des esprits s'est beaucoup améliorée. Est-il quelqu'un, ayant quitté son village, qui ne sache ce qu'est un chemin de fer, un rail, un wagon; qui ne soit familiarisé avec cette rapidité qu'on n'appelle déjà plus miraculeuse? Parler maintenant de chemin de fer avec les mêmes détails ne serait-ce pas s'exposer à les dire moins bien et à fatiguer ceux qui les savent?

Il faut pourtant que les hommes spéciaux puissent juger les bases de mes appréciations. Peut-être aussi ce Mémoire devra-t-il être lu par quelques personnes peu initiées encore au système des voies de fer. Je dois donc, pour les uns et pour les autres, redire plusieurs des choses dites avant moi ; mais pour ne fatiguer personne, je me bornerai aux plus indispensables, et je les placerai dans des notes spéciales où pourront les trouver ceux qui voudront les apprécier, sans que les autres soient forcés de les lire.

L'écrit entier contiendra trois parties : les deux premières traiteront séparément et en détail d'abord du chemin de fer de Lourdes à la Garonne, puis de sa prolongation vers l'Espagne; la troisième enfin analysera sommairement les moyens de réaliser aussi les diverses ramifications ou annexes, et permettra d'apprécier l'ensemble des ressources nécessaires pour donner satisfaction aux besoins principaux de ces vastes contrées.

Première Partie.

CHEMIN DE FER DE LOURDES A LA GARONNE.

CHAPITRE I.

DESCRIPTION GÉNÉRALE.

§ I. — Topographie sommaire.

Commençons par rappeler en peu de mots la disposition topographique à travers laquelle il faut s'établir.

Trois grands môles descendus de la chaîne occupent au sud-ouest le pays sous-pyrénéen français. Ils constituent l'Armagnac, la Gascogne, le Béarn : ce dernier largement séparé des deux autres par le bassin de l'Adour ; les deux premiers distingués entre eux par le bassin de l'Osse, affluent de la Garonne, et par la dépression que subit entre Miélan et Bassoues le long contre-fort dont la tête touche aux Pyrénées, dont le pied est dans la mer près de Bordeaux.

Cette dépression au midi du môle de Bassoues est donc le lieu imposé par la topographie de ces contrées pour passer de la basse Garonne dans l'Adour ; tout comme le col de Lourdes, au midi du môle béarnais, est le seul point de passage de l'Adour dans le Gave.

Le simple aspect de la carte par la disposition des cours d'eau initie déjà à cet état des choses, et l'on acquiert à cet égard une certitude complète dès qu'on peut se rendre compte des hauteurs relatives par la forme des courbes horizontales réunissant tous les points d'un même niveau.

Sur la carte générale il en a été tracé trois s'étendant de la Garonne au Gave de Pau, et prises la plus élevée à 420 m. au-dessus de la mer, la moyenne à 320 m., la plus basse à 200 m.

Disposition générale.

L'élévation qui sépare ces courbes horizontales n'est pas tout à fait la même, parce qu'elles n'ont pas été choisies arbitrairement.

La première dessine clairement le col de Lourdes ; la dernière donne ceux de Mascaras, et de Benqué, qui appartiennent à la même dépression du contrefort de Bassoues et se trouvent séparés par un relèvement de la crête dont le point culminant est près du moulin à vent de Saint-Cristophe.

La courbe intermédiaire passe à Tarbes et dévoile le creusement extraordinaire du bassin de l'Arros, qui semble un gouffre profond placé par la Providence entre l'Adour et la Neste, comme pour les séparer fatalement.

C'étaient là trois points fondamentaux de la discussion. Le dernier résout par une impossibilité à peu près absolue le passage de la Neste dans l'Arros. Les deux autres marquent les lieux en dehors desquels le chemin de fer de Lourdes à la Garonne n'a plus à parcourir que des vallées largement ouvertes et des pentes naturelles se prêtant aisément à l'établissement de la voie.

De ces deux points importants rayonnent donc les difficultés principales. De là aussi ont rayonné nos recherches ; de là rayonneront nos descriptions.

§ II. — Traversée du contre-fort de Mascaras. — Passage de l'Adour dans la Garonne.

Le contre-fort sur lequel sont assis Miélan, Lupiac, Gabarret, qui commence à la montagne de Troumouze, sur le noyau central de la chaîne des Pyrénées, pour ne finir qu'à la mer près de l'embouchure de la Gironde, après avoir fourni par ses ramifications l'immense bassin de l'Adour avec ses divers affluents ; ce long rameau des Pyrénées qui sépare ainsi l'Adour de la Garonne, gigantesque dans sa partie montagneuse, toujours dominant les contrées voisines alors même qu'il va s'engloutir dans la mer, s'amoindrit et se déprime notablement à Benqué (sud de Bars) et à Mascaras (sud de Bassoues).

L'élévation du premier col au-dessus de la mer est 258^{m}41 ; celle du second est 270^{m}356.

Au nord de celui-ci, le contre-fort se relève bientôt jusqu'à 286 m. en s'épanouissant pour former le môle de l'Armagnac.

Au midi de Benqué, une ascension pareille vers Miélan qui se trouve à 294^{m}11 au-dessus de la mer.

Enfin, entre les deux cols, le mamelon de Saint-Christophe atteint la hauteur de Miélan.

Les deux dépressions de Benqué et de Mascaras sont encore plus remarquables par l'amoindrissement latéral que le contre-fort y subit. Des vallons transversaux viennent bout à bout creuser ses flancs de manière à n'être plus distants que de quelques centaines de mètres.

Inutile d'ajouter que ces vallons opposés allant verser leurs eaux dans des affluents plus ou moins immédiats des deux grands bassins de l'Adour et de la Garonne, sont ainsi désignés par la force des choses pour les unir en perçant le noyau du contre-fort.

Il semble donc, au premier aperçu, qu'un tunnel de quelques cents mètres doit suffire à ce grand résultat ; et en effet cela arriverait assurément si les abords de ce passage ne devaient pas être assujettis à une pente inférieure à 0^{m}0 par mètre. Mais malheureusement les grandes voies de communication ne permettent pas une déclivité supérieure à 0^{m}005 par mètre ; et après avoir pénétré le plus avant possible dans les deux vallons opposés, même par des tranchées à ciel ouvert poussées jusqu'à 15 et 16 m. de profondeur, il reste encore un tunnel à percer de 1,469 m. sous Benqué, et de 1,472 m. sous Mascaras ; le premier passant à 199^{m}19 au-dessus de la mer, le second à 198^{m}49. (Voir les profils de ces deux passages.)

Ces traversées souterraines dépassent, comme on le voit, 1,000 m. ; mais elles sont encore bien au-dessous d'une infinité de travaux de ce genre, qu'on voit atteindre une longueur triple et même quadruple.

De chaque côté des deux souterrains on descendrait avec des pentes de 5 mil. par mètre.

Au passage de Benqué, la descente de l'est se ferait par le ruisseau de Marignan et, après un trajet de 3,046^{m}00, finirait dans le bassin de l'Osse, où elle trouverait une pente naturelle de 0^{m}00253 par mètre.

Celle de l'ouest arriverait par le ruisseau du Barrot dans le bassin du Bouès, après une longueur de 4,418 m., et ne trouverait plus jusqu'à l'Arros que 0^{m}003 par mètre.

Au passage de Mascaras, on descendrait à l'est par la Menette, et l'on arriverait après un trajet de 9,614 m. en un point où la pente naturelle de la Guiroue n'est plus que 0^{m}0026 par mètre.

À l'ouest la descente se ferait par le Lys, et après un parcours de 9,249 m., on se trouverait dans le bassin de l'Arros, près du confluent

(marginalia:) Deux lignes de passage.

(marginalia:) Souterrains.

(marginalia:) Descentes aux abords.

du Bouès, au point où viendrait aboutir aussi de son côté, après un trajet de 11,078 m., la ligne descendue de Benqué.

Quant à la ligne de la Guiroue, elle aurait à parcourir 13,391 m. depuis la fin de la pente à 0^{m}005 jusqu'au confluent dans l'Osse, lequel se trouverait distant lui-même de 27,678 m. du pied de la pente descendue de Benqué par le ruisseau de Marignan.

Ces deux traversées iraient donc se joindre, dans l'Arros au confluent du Bouès, dans l'Osse au confluent de la Guiroue; et entre ces deux points de concours, la ligne de Benqué aurait 47,689 m., celle de Mascaras 33,726 m. seulement.

Conclusion sur la comparaison.

La différence entre les deux trajets est donc énorme; et comme les difficultés de la traversée sont à peu près les mêmes, comme d'ailleurs nulle raison commerciale influente ne vient peser, en sens contraire, dans la balance, la préférence doit se porter évidemment sur la ligne de Mascaras.

Dans ma première exploration, le col de Benqué, plus déprimé que l'autre, avait spécialement attiré mon attention. Toutefois la brièveté du trajet par Mascaras m'avait aussi frappé; mais des opérations de tâtonnement faites avec peu d'exactitude me firent croire à des difficultés de niveau qui n'existaient réellement pas. Cette circonstance, jointe au désir de me rapprocher le plus possible de Mirande, me disposa à préférer le passage de Marignan.

Une étude plus précise du col de Mascaras est venue rectifier ces fausses idées, et aujourd'hui il ne me reste plus aucun doute sur les avantages de ce dernier passage.

Sans doute il s'éloigne un peu plus de Mirande; mais cette cité n'est assurément pas assez importante pour qu'il faille contraindre, uniquement à cause d'elle, les intérêts immenses, qui doivent user du chemin de fer, à parcourir 14 kilom. de plus.

D'ailleurs Mirande n'est-il pas appelé probablement à posséder un canal? ses besoins seraient donc satisfaits de ce côté; et puis, s'il lui fallait absolument un chemin de fer, mieux vaudrait employer le prix de ces 13 kilom. à lui construire un embranchement remontant vers Marignan. Celui-ci du moins ne créerait pas pour toutes les autres relations l'obligation si onéreuse de le parcourir.

Direction par Mirande.

On a pu quelquefois aussi concevoir l'idée de pousser le chemin de fer jusqu'à Mirande; puis de le prolonger par la Baïse jusqu'à la

Garonne, ou bien de continuer la communication par une canalisation.

Les trompeuses apparences d'une carte sans relief ont pu seules faire naître une telle pensée ; mais le plus simple examen des réalités ne peut manquer d'y faire renoncer.

Entre l'Osse et la Baïse il existe un énorme contre-fort qui s'élargit précisément au droit de Mirande. Il est vrai qu'un vallon latéral commençant au midi de Saint-Maur le creuse à l'orient ; mais il n'y en a point au couchant, et cette circonstance rend un percement impossible, à moins de lui donner une énorme longueur, plus que le double de celui de Mascaras. Cette seule traversée exigerait assurément 5 ou 6 millions.

Or, 6 millions ne dépassent guère le chiffre qu'il faut pour conduire le chemin de fer par l'Osse jusqu'à Pont-de-Bordes. En le dirigeant par Mirande, on aurait donc de plus toute la dépense de Mirande à Pont-de-Bordes, et il n'y a pas moins de 26 lieues.

Quant à l'intérêt du commerce, il serait tout à fait sacrifié. On lui ferait parcourir en pure perte 20 ou 21 kilomètres de plus.

Ses pertes seraient encore plus grandes si, arrivé à Mirande, il ne trouvait là qu'une canalisation et tous les désavantages d'un transbordement. En vérité, mieux vaudrait alors laisser les choses en l'état actuel, et oublier complétement tout le sud-ouest de la France.

Que la Baïse obtienne son canal, à la bonne heure ; qu'il remonte s'il le faut jusqu'à Mirande, nous le concevons encore à la rigueur ; mais pour desservir le sud-ouest de la France, pour ouvrir avec l'Espagne une communication vraiment nationale, prenons le plus court et le plus facile. Traversons le contrefort à Mascaras, après avoir remonté directement de la Garonne par l'Osse.

Conclusion résumée.

§ III. — Passage du Gave dans l'Adour.

Le passage du Gave dans l'Adour doit se faire à Lourdes, nous l'avons déjà vu.

Point de partage à Lourdes.

Là existe un véritable point de partage. Le môle béarnais, complétement séparé de la chaîne des Pyrénées, laisse un col tellement déprimé, que si l'on oublie un instant la gorge étroite où va se cacher le Gave, pour voir seulement les larges ouvertures laissées entre les monts, on peut croire que le bassin d'Argelez se continue vers Tarbes aussi bien, mieux peut-être que vers Pau.

C'est un plat-fond qui a dû s'étendre autrefois d'Arcizac au bois de Lourdes, pénétrant au nord jusqu'au marais de Ribettes et jusqu'au pied de Poueyferré; c'est un vaste plateau composé de trois branches principales: l'une venant des Pyrénées au midi, et se subdivisant dans les deux autres qui vont joindre la plaine de Nay et de Tarbes, la première par un développement de 24,232 m. et une descente de 131^{m}70 (0^{m}0054 par mètre), l'autre par un développement de 17,600 m. et une descente de 88 m. (0^{m}005 par mètre).

Quant à la branche méridionale, origine, pour ainsi dire, des deux autres et qui vient de la plaine d'Argelez, elle a parcouru depuis la gorge de Pierrefitte un développement de 16,240 m. et une descente de 81^{m}65 jusqu'au niveau du plateau de Lourdes (0^{m}005 par mètre).

Et entre ces trois branches aplanies, des monts élevés, en calcaire de transition, en schiste ardoisier, en dalles schisteuses, en un mot donnant toutes les roches usuelles dont ce point remarquable est pourvu à profusion.

Si toutes choses étaient encore dans un état si simple, notre tâche serait bien facile. Le plateau de Lourdes serait le point de concours de trois voies se dirigeant dans les trois branches et allant tout naturellement, sans aucun effort, porter la civilisation et l'aisance dans des régions bien différentes.

Le système de voie serait aussi bientôt choisi. Les trois pentes étant comprises entre 5 et 6 millimètres, nous nous garderions de prendre des canalisations, pour ne pas nous donner un instrument bientôt rendu inutile par le nombre considérable d'écluses que nous aurions à subir (20 par myriamètre, 8 par lieue de poste).

Par les chemins de fer, nous serions encore dans la limite des pentes que l'art, dans ses plus grandes exigences, leur permet d'atteindre. Ce système de grandes voies serait donc applicable et le seul applicable; le choix alors ne saurait être douteux.

Nous prendrions d'ailleurs les chemins de fer avec d'autant plus d'empressement, que le pays dont il s'agit ici étant très-éloigné du centre des affaires, il a besoin d'en être rapproché, sous le rapport du temps employé à franchir les distances aussi bien que des frais de transport proprement dits.

Malheureusement ces trois branches ne sont pas demeurées ce qu'elles furent jadis. Des cataclysmes sont survenus et y ont marqué leur passage. *Etat actuel.*

Une gorge s'est ouverte à l'ouest, profonde de 20 m., large en gueule de 150 m., sillonnant la branche occidentale dans toute sa longueur, remontant jusqu'à 3,000 m. dans la branche méridionale et interceptant ainsi toutes ses eaux; séparant aussi du reste de la masse montagneuse le sommet de l'angle ouvert au sud-ouest, pour laisser attenant au plateau de Lourdes un roc isolé, sur lequel est venu se bâtir un fort, puis la ville à son pied, sous sa protection. On comprend sans peine le changement qu'a dû subir la branche occidentale. A chaque pas on trouve encore des traces de l'ancien sol : le plateau de Vizens, celui du bois de Lourdes, celui de Peyrouse, celui de Réouillés, celui de Getz, sont des témoins irrécusables de l'ancien état. Mais ils ne forment plus une vallée continue. Des coupures les séparent; des sinuosités brusques marquent le nouveau lit et font craindre au premier aspect des difficultés insurmontables pour un chemin de fer. Ces difficultés toutefois s'amoindrissent un peu, nous le verrons bientôt, lorsqu'on entre plus avant dans les détails de la question, sans jamais pourtant cesser d'être redoutables. Branche occidentale.

Ces mêmes difficultés se trouvent encore à l'entrée de la branche méridionale; mais elles disparaissent avec la gorge, et l'on se trouve aussitôt après dans le bassin d'Argelez, largement ouvert à toutes les combinaisons de l'art. Branche méridionale.

La branche orientale, qui forme le vallon de l'Échez, a eu également ses modifications, mais bien moins profondes, moins étendues. En parlant de la branche occidentale, j'ai dit une gorge, j'aurais pu dire une crevasse, car la roche vive se rencontre ouverte à chaque pas. Dans l'Échez cette expression rendrait mal l'état des choses : ici c'est plutôt un sillon que semble avoir creusé dans le terrain meuble de la vallée une masse solide ou liquide qui en a suivi le fond. Branche orientale.

Là aussi on trouve partout l'ancien plat-fond élevé seulement de quelques mètres, se suivant avec peu de coupures, ne présentant nulle part ces berges abruptes et profondes de la gorge de Saint-Pé gardées par la roche vive; dans l'Échez elles sont adoucies par des talus en terre très-allongés.

En un mot, un chemin de fer eût descendu facilement l'ancienne

vallée; la nouvelle est plus difficile, mais pourtant très-praticable pou
lui.

*Difficultés graves du
bassin inférieur du
Gave.*
Vallée de l'Ousse.

Les difficultés graves se trouvent donc seulement dans la descente
vers Pau. Elles font naître tout d'abord le désir de leur échapper par
quelque autre chemin, et l'on ne tarde pas à en concevoir l'espérance
lorsqu'on jette les yeux vers le bassin de l'Ousse, affluent du Gave, débouchant à Pau même, et prenant source tout à côté de Poueyferré,
où nous avons vu arriver le plateau de Lourdes. Il ne reste à franchir
qu'un petit rein à peine élevé de 21^m54; un tunnel assez court ou
même une tranchée en aurait facilement raison, et l'on se trouverait
immédiatement à Loubajac, dans le bassin de l'Ousse.

Celui-ci, largement ouvert, sans aucun obstacle montagneux, semble tout offrir à l'établissement facile d'un chemin de fer. Et afin de
se faire adopter plus promptement encore, il montre ses plâtrières de
Barlest, non moins précieuses par l'abondance que par la qualité de
leurs plâtres.

Malheureusement les pentes viennent ici contrarier de si favorables
dispositions. Le plateau de Lourdes, en se prolongeant jusqu'à Loubajac, nous conduit sur un sol facile; mais il demeure horizontal et nous fait
perdre une partie notable du développement; de telle sorte qu'arrivés
à Loubajac, l'Ousse ne nous donne jusqu'à Pau qu'une longueur de
33,200 m., et il nous faut descendre 230 m. C'est une pente moyenne
de 7 mil.

On peut la diminuer, il est vrai, de 32 m., et reduire ainsi la pente à
6 mil. par mètre en conduisant la voie toujours près de Pau, mais
sur la haute ville.

Cette pente est encore bien forte, et puis on ne peut plus descendre
dans le bassin du Gave. Il faut, pour continuer vers Bayonne, avancer
forcément par le Pont-Long, délaisser ainsi toute cette riche vallée de
Nay, de Pau, d'Artix, d'Orthez, de Peyrehorade, et prendre le Luy de
Béarn, beaucoup moins important.

Ici donc on se trouve placé entre deux directions présentant, l'une
une population plus considérable, un intérêt actuel plus développé,
mais des difficultés d'assiette et de direction très-graves sur 20,000
mètres; l'autre un sol facile, des plâtrières importantes, mais un tunnel et des pentes notablement plus fortes.

Dans cette alternative, l'évaluation sérieuse des dépenses de construction aura nécessairement une grande influence sur la détermination définitive.

Quoi qu'il arrive, il sera prudent de prendre sur le plateau de Lourdes des dispositions permettant d'y rattacher un jour celle de ces deux directions qui n'aura pas été immédiatement préférée, car elle pourra raisonnablement attendre de l'avenir ce que le présent n'aura pu lui donner.

§ IV. — Jonction entre la ligne venant de Lourdes et celle qui, du souterrain de Mascaras, descend dans l'Arros.

A la descente de Lourdes, on trouve à Tarbes la vallée de l'Adour. Longtemps avant que les eaux de cette rivière ne se mêlent à celles de l'Échez, les deux bassins se sont réunis pour former la magnifique plaine du Bigorre, l'une des plus vastes, des plus fertiles, des plus populeuses qui se puissent rencontrer.

Vallée de l'Adour.

Qu'on se figure un plat-fond large en certains points de 12 kilom. en ayant toujours plus de 8; qu'on se figure cette belle largeur régnant de Tarbes à Riscles, sur 60 kilom.

Qu'on se figure cet espace immense parfaitement aplani, allant se perdre au nord dans un horizon sans bornes, fermé au sud par le pic du midi de Bigorre, l'un des plus hauts de la chaîne, surtout prodigieusement élevé sur sa base septentrionale, puis majestueusement développé sur ses flancs, et l'on aura peut-être une idée, encore bien affaiblie, de la magnificence de ces lieux.

Mais le détail, mais sa coquetterie! pour les juger, il faut voir. Nulle part peut-être la nature ne fit tant de frais pour se parer.

Un sol fertile, un soleil vivifiant, des rosées abondantes, des eaux montagneuses à courants perpétuels, tout cela ne lui a pas suffi. Elle a voulu ces eaux limpides comme le cristal; mais en même temps il les lui fallait chargées de toutes les substances végétatives. Alors elle les a fait sortir du sein de la terre par mille sources intarissables, au lieu de les puiser aux froids glaciers.

Elle a voulu que ces eaux n'arrivassent dans la plaine que chargées d'air par un long roulis montagneux, et que là, presque d'elles-mêmes, elles pussent quitter leur lit non pour détruire, mais pour arroser, puis produire, sur un sol éminemment perméable, une végétation la plus riante qu'elle ait su imaginer.

Elle a voulu , chose inouïe, qu'elle n'a peut-être permise nulle autre part ; elle a voulu , renversant ici l'ordre constant des choses, qu'entre ces deux cours d'eau, l'Adour et l'Échez, débouchant dans la même plaine, le premier, quatre fois plus abondant, arrivât cependant par le lit le plus élevé, sans doute parce qu'il apportait les fécondantes eaux ; sans doute aussi qu'elle destinait l'autre à leur servir de canal de décharge.

Elle a voulu une population nombreuse, et une immense population (14 mille âmes par myriamètre carré) est venue s'asseoir dans quatre-vingts villes ou villages, chacun ayant son canal , ses usines, ses arrosements.

Elle a voulu que ces eaux répandues à profusion ne pussent jamais devenir insalubres par un écoulement trop lent, et le sol a été fortement incliné. L'Adour et son bassin, au sortir de Bagnères, ont reçu 15 millimètres de pente par mètre ; mais à Tarbes, à la rencontre de l'Échez, la nature, se ravisant, l'a radoucie jusqu'à 5 millimètres, voulant sans doute que ce pays ne fût pas condamné à s'isoler du reste de la terre , voulant qu'il fût pénétrable jusque-là par les grandes voies de communication.

Et en prolongeant cette pente dans toute la longueur inférieure de la plaine, c'est encore la nature qui a marqué du doigt l'espèce de voie qu'elle voulait. C'est elle qui a banni toute canalisation , impossible avec cette déclivité *prolongée*. C'est elle qui a choisi les chemins de fer en se plaçant tout juste dans leurs plus grandes pentes. C'est elle qui a préféré les voies rapides aux voies lentes pour ce pays, objet de sa prédilection, afin d'être plus assurée d'effacer pour lui les distances et de placer dans ses destinées l'obligation d'apporter son contingent à l'industrie générale des nations, pour y prendre sa part de prospérité.

Ces destinées, voilà ce qu'il s'agit aujourd'hui d'accomplir ; voilà le pays au milieu duquel il faut conduire l'artère principale que nous analysons en ce moment.

Pour arriver de Tarbes au pied de la descente de Mascaras dans l'Arros , un chemin s'offre tout naturellement ; il descend la plaine de l'Adour jusqu'aux environs de Plaisance, puis remonte l'Arros jusqu'au Bouès.

De Tarbes à Plaisance on trouve un développement de 44,288 m. , et l'on descend de 163^{m}42 ; c'est près de 0^{m}0037 par mètre.

Tout cela est très-praticable pour une voie de fer; le terrain est parfaitement disposé pour la recevoir.

Mais ce coude de Plaisance, ce retour qu'il faut faire vers le Bouès, allonge beaucoup le trajet. Il n'est pas moindre de 51,618 mètres, tandis que la distance réelle qui sépare Tarbes du confluent du Bouès n'est que de 36,000 ; 16 kilomètres de moins.

Pour obtenir cette abréviation, il faut pouvoir marcher pour ainsi dire en ligne droite, et l'on rencontre alors sur ses pas le contre-fort séparant l'Adour de l'Arros, qui se prolonge jusqu'à Plaisance. Heureusement qu'on trouve, presque sur cette ligne droite, un peu au midi de Sauveterre, une coupure accidentelle pouvant sans grands efforts donner passage à la voie de fer. Là, le contre-fort se déprime de telle sorte qu'on peut arriver de Tarbes au Bouès avec des pentes réglées et au moyen d'une tranchée de 8 à 10 mètres de profondeur sur une très-petite longueur. Direction par Sauveterre.

Cette abréviation est donc parfaitement réalisable.

Mais est-il convenable de la réaliser?

La question a pu paraître douteuse tant qu'il s'est agi plus spécialement de l'exploitation locale de ces contrées; mais depuis qu'il a été démontré combien il serait avantageux de diriger par cette voie des relations internationales avec l'Espagne, cette abréviation a pris une grande importance, et toute hésitation a dû cesser. Conclusion.

Au reste, l'on se tromperait si l'on croyait ainsi faire un grand tort aux relations purement locales. Un chemin de fer n'est pas comme une route ordinaire : tous les points de la ligne participent assurément aux avantages généraux qu'il procure; mais chacun n'en profite pas également. Les stations sont les seules immédiatement favorisées. Les lieux intermédiaires ne sont pas mieux placés que les points latéraux.

Quelles seraient donc les stations intéressantes délaissées par la ligne de Sauveterre? Deux seulement, Plaisance et Maubourguet; car Vic conserverait la sienne. Or, si l'on donnait à Plaisance et à Maubourguet un embranchement, les deux ne feraient pas ensemble une longueur égale à l'abréviation obtenue sur la ligne principale. Si donc ces relations locales étaient jugées assez importantes pour devoir être directement satisfaites, il faudrait pourvoir à cette nécessité par la création de ces deux embranchements sur la ligne de Sauveterre. La déviation par le bas Adour ne pourrait avoir lieu qu'au détriment de tout le monde.

Quant à la ville de Plaisance en particulier, elle n'aurait dans aucun cas raison de se plaindre, car le canal de la Midouze la desservirait toujours dans son trajet jusqu'au Bouès si le chemin de fer ne venait pas chercher lui-même le canal par un embranchement jusqu'à l'Adour.

Enfin une dernière réflexion. Les quatre-vingts villes ou villages qui occupent la plaine du Bigorre ne sont pas placés sur une seule ligne; ils en forment cinq parallèles entre elles, marchant dans le sens de la longueur, situées l'une à l'est au pied du coteau oriental, une seconde sur la rive droite de l'Adour, une troisième sur la rive gauche, une quatrième sur la rive droite de l'Échez, une cinquième enfin sur sa rive gauche.

Chacune de ces lignes a sa voie de terre pour en réunir toutes les communes, et le chemin de fer qui les desservira le mieux devra passer successivement de l'une à l'autre.

C'est précisément ce que fait la ligne de Sauveterre, en parcourant la plaine suivant une diagonale qui les traverse toutes.

§ V. — Jonction entre la Garonne et le pied de la pente descendue du souterrain de Mascaras.

Bassins de la Guiroue et de l'Osse.

Nous avons déjà vu, § 2, les motifs puissants qui dirigeaient la voie suivant les bassins de la Guiroue et de l'Osse, de préférence à tous autres. Il nous reste à dire sommairement ce que sont ces deux bassins et comment ils peuvent conduire jusqu'à la Garonne.

L'un et l'autre, comme cours d'eau, sont peu importants, j'en conviens et m'en félicite; leurs lits n'ont que 4 ou 6 mètres de largeur moyenne, et encore bien que pendant les grandes pluies le fond de ces bassins soit momentanément inondé, ce n'est pas à l'abondance des eaux qu'il faut l'attribuer, c'est plutôt à la faiblesse de la pente, qui n'accélère pas assez l'écoulement. Ces bassins d'ailleurs prennent naissance très-bas, presque à l'endroit où le môle de l'Armagnac se sépare de la Gascogne, et il n'est pas surprenant qu'ils ne recueillent pas une grande masse d'eau.

Mais on se tromperait grandement si l'on mesurait au volume des eaux l'importance commerciale; c'est bien l'Osse et non la Baïse qui passe précisément au centre de l'Armagnac. Les populations n'y sont pas amoncelées comme dans les plaines de l'Adour et du Gave; mais elles y sont plus nombreuses que dans le reste de la Gascogne, et par une raison bien simple : la main de l'homme est plus nécessaire à la culture de la vigne qu'à la production des céréales.

Sous le rapport topographique, l'insignifiance du cours d'eau, loin d'être un inconvénient, est au contraire un véritable avantage; alors il ne peut jamais être un empêchement aux tracés qu'on peut vouloir établir dans le bassin. Ceux de la Guiroue et de l'Osse, en définitive, peuvent être considérés, d'un bout à l'autre, comme une zone de terrain aplani, sans obstacle, sur 120 m. de largeur, se prolongeant à 58 kilom. avec une pente toujours inférieure à 0^{m}0025 et dépassant rarement 0^{m}0015. Bien différents en cela du bassin de la Baïse, plus ouvert à la vérité dans son plat-fond, mais que sillonne en tous sens le lit de sa rivière, fort élargi par les crues considérables auxquelles il doit donner passage, et pouvant alors devenir un obstacle sérieux. Raison nouvelle à joindre à toutes celles déjà données pour préférer l'Osse à la Baïse dans le passage de l'Adour à la Garonne.

Jusqu'à la Guiroue depuis Lourdes, nous avons vu la pente obligée du trajet se tenir à la limite permise aux chemins de fer et exclure absolument toute voie navigable par le nombre d'écluses que la topographie lui imposait; car il n'y a pas moins de 359 m. à monter ou à descendre pour 80 kilom. : 138 écluses, 17 par myriamètre, 7 par lieue de poste. La voie de fer était donc impérieusement imposée par cette seule considération.

A partir de la Guiroue, elle n'a plus la même force, car il ne reste Système de voie qui leur convient. à descendre que 126^{m}58 jusqu'à la Garonne, déclivité qui sera rachetée par 48 écluses; et le trajet entier comptant 76 kilom., ce n'est pas 7 écluses par myriamètre.

Mais un autre motif se charge ici de l'exclusion, et il n'a pas moins de force : c'est l'impossibilité de se procurer de l'eau pour une navigation. L'Osse en est complétement dépourvue aussi bien que la Guiroue; elles ne peuvent en puiser d'aucun côté, parce qu'elles prennent leur source tout près de là dans un contre-fort complétement isolé des courants perpétuels.

Il est vrai qu'on peut concevoir la gigantesque pensée d'aller les puiser à la Neste, à Fèches ou à Sarrancolin; de les mener ainsi sur le plateau de Lannemézan; puis de là aux sources de la Baïse; puis des sources de la Baïse aux sources du Bouès; puis dans le Bouès; puis de là, sans doute par une rigole suspendue pendant un myriamètre, sur les flancs du coteau; enfin, par un tunnel de 1,500 m. dans l'Osse, jamais dans la Guiroue; et, par ces travaux prodigieux, obtenir quelques gouttes d'eau restées encore après l'évaporation et les pertes de tout genre subies dans un trajet de 83 kilom. si difficile, si longtemps perméable.

Et tout cela pour continuer par une navigation, à partir de l'Osse, une communication obligée jusque-là en voie de fer, dont la prolongation jusqu'à la Garonne coûterait moins que la rigole d'alimentation à elle seule. Ce n'est point assurément là une pensée sérieuse. On a beau dire que les confluents du Lot et de la Baïse n'étant remarquables que par les navigations qui s'y réunissent, il est étrange d'y faire arriver un chemin de fer; la plus simple réflexion suffit pour prouver le peu d'exactitude de ce rapprochement.

Étrange! et pourquoi donc? Si le chemin de fer n'arrivait pas jusqu'à la Garonne, c'est qu'il s'arrêterait un peu plus haut; mais le transbordement n'en aurait pas moins lieu; seulement alors il en faudrait un second à l'arrivage sur la Garonne, car la petite navigation de l'Osse devrait garder pour elle ses petits bateaux. Au contraire, le chemin de fer arrivant lui-même à la Garonne, hommes et choses choisiraient par un seul transbordement la voie qui leur conviendrait; aussi bien les bateaux à vapeur de la rivière que les canalisations.

Et puis on oublie donc le chemin de fer de Bordeaux à Marseille, ce chemin que le gouvernement a formellement compris dans ses premiers projets, ce chemin qui est dans la force des choses, que tôt ou tard, plus tôt peut-être qu'on ne pense, l'on verra réclamer à hauts cris par ceux-là même qui naguère s'en préoccupaient beaucoup moins?

Ainsi, en descendant la Guiroue, tout comme au-dessus, c'est par une voie de fer qu'il faut unir le Gave et l'Adour à la Garonne.

Bassin de la Gélise.   Avant de se joindre au bassin de la Gélise, le fond de la vallée de l'Osse se relève en une espèce de plateau qui semble en fermer la sortie. Les eaux le franchissent pourtant, mais par une tranchée étroite se retournant brusquement à l'ouest et creusée à travers cette espèce de barrage, qui les domine de 14 m. à l'étiage.

La Gélise coule au nord de ce plateau dans un bassin, très-étroit aussi, qui semble également y avoir été creusé tout exprès et à une profondeur semblable.

Enfin ce plateau avec son niveau se retrouve encore à la ren-

contre de la Baïse, où il forme les plaines de Pont-de-Bordes et de Lavardac. En un mot, ces trois rivières viennent réunir leurs eaux à
travers ce plateau général qui devait régner originairement sur toute
cette contrée et qui a dû être profondément creusé pour les recevoir
dans leur niveau actuel.

Pour échapper à toutes les impossibilités de ces bassins étroits et
profonds, c'est donc sur le plateau même qu'il convient d'établir le
chemin.

Rien n'est plus facile en sortant de l'Osse, car le relèvement du fond
de la vallée, qui semble subit quand on suit le lit du ruisseau, est insensible au contraire lorsqu'on a le soin de l'abandonner à 4,000 m.
en amont, en se jetant sur le versant occidental, à peine incliné. On
arrive ainsi au plateau avec une pente très-adoucie. Seulement à la
sortie on rencontre le creux étroit et profond formé par l'écoulement
des eaux de l'Osse ; et il faut le traverser sur un pont en plein cintre
de 13 m. d'ouverture.

Avant d'arriver à la plaine de Pont-de-Bordes, le plateau se trouve,
en un point, presque entièrement enlevé par les eaux de la Gélise ;
mais il reste encore un flanc de colline favorablement disposé pour s'y
établir et aller rejoindre ainsi la Baïse à Pont-de-Bordes, puis, après
l'avoir passée sur un pont de 58 m., la plaine de Lavardac, continuation du même plateau.

De là pour se rendre à la Garonne, tout n'est pas aussi bien disposé. **Plaine de Lavardac.**
Le plateau dont nous venons de parler, complétement enlevé par la
Baïse, ne reparaît qu'aux environs de Feugarolles.

Le cours de la rivière dans ce trajet est resserré entre deux coteaux
rapides, et c'est par le flanc méridional que le chemin doit se continuer. Pendant une longueur de 4,000 m., on y trouve des difficultés
assez graves. Elles n'ont cependant rien d'insurmontable quant aux ondulations du terrain et à la déclivité transversale.

A la sortie de ce passage, on rencontre le petit vallon de Trinqua- **Vallon de Trinqualéon.**
léon, au confluent duquel le chemin de fer peut arriver de Lavardac
par une pente de $0^m,00\xi$ par mètre.

Là commence, sinon le grand bassin de la Garonne, du moins une **Bassin de la Garonne.**
ramification immédiate qui se joint à lui sans autre obstacle à franchir. L'on n'a plus qu'à suivre le pied du coteau de Feugarolles, et l'on
arrive à Touars par une pente de $0^m,0014$ par mètre.

S'il ne s'agissait que d'aller joindre la Garonne, ce tracé serait assu-

rément le plus naturel; mais ici, comme à Lourdes, il y a un rattachement à prévoir, soit avec le canal latéral, soit avec le chemin de fer de
Bordeaux à Marseille.

Rattachement au canal latéral et au chemin de fer de Bordeaux à Marseille.

Quant au canal, on sait qu'il doit passer sur cette rive de la Garonne,
et que le rattachement pourra s'opérer avec lui sans aucune difficulté,
soit à l'angle nord-est du plateau de Feugarolles, soit en tout autre
point.

Pour le chemin de fer, la solution n'est pas aussi claire; car il pourrait se faire, ainsi que je l'ai déjà fait remarquer, que, voulant éviter
d'un côté tous les obstacles opposés par certains passages de la Garonne, et exploiter d'un autre les produits importants des landes
autour de Casteljaloux, on laissât une partie du bassin de la Garonne,
assez desservie peut-être par sa double navigation, pour diriger le chemin de fer par cette portion des landes.

Alors il viendrait déboucher un peu au-dessus de Pont-des-Bordes,
et toute la portion de notre chemin située au-dessous de ce point
appartiendrait à la ligne de Bordeaux à Marseille, qui devrait, elle, se
diriger non plus vers Touars, mais vers Agen.

Alors aussi, au lieu de descendre à Trinqualéon, il vaudrait peut-être
mieux se tenir horizontalement jusqu'au plateau de Feugarolles, pour
de là gagner Agen par une pente presque insensible.

On le voit donc, à la fin comme au commencement, au-dessous de
Pont-de-Bordes comme au-dessus d'Arcizac-ez-Angles, le chemin de
fer ne peut être bien déterminé qu'après décision prise sur les lignes
auxquelles il doit se rattacher.

Mais entre ces deux extrémités, nous pourrons immédiatement tout
asseoir, tout évaluer, et nous allons essayer de le faire dans les deux
chapitres suivants.

CHAPITRE II.

ASSIETTE DU CHEMIN DE FER.

§ 1. — Principes généraux.

Le but des chemins de fer est de procurer à la société une diminu- tion dans les frais de transport et une augmentation dans la rapidité de toutes les relations. L'une et l'autre conduisent à l'abaissement des prix de revient de toutes choses, qui profite à la fois au producteur et au consommateur, car le bénéfice se partage entre eux en raison inverse des exigences respectives de leur situation.

But des chemins de fer.

La célérité des transports s'obtient par des machines locomotives dont l'emploi avec de grandes vitesses est rendu possible sur les chemins de fer par le peu de cahotement qu'ils occasionnent et par l'impossibilité où sont mises les voitures de s'écarter de la voie.

Cette célérité influe sur le prix définitif des objets transportés beaucoup plus qu'on ne le pense généralement.

Elle agit par la simplification des rouages commerciaux, et surtout en supprimant beaucoup d'intermédiaires, dont les services doivent se payer d'autant plus cher qu'il faut tenir ici grand compte de la probité éprouvée.

Elle agit encore en diminuant la durée des opérations commerciales, cause de dépenses notables par l'intérêt des capitaux, et surtout par les chances courues, qui sont d'autant plus funestes qu'elles embrassent un temps plus long; parce qu'alors elles mettent plus fréquemment en défaut la prévoyance humaine.

Elle agit enfin en permettant d'aller au loin utiliser certaines ressources naturelles qui, sans cela, resteraient sans emploi et dès lors sans valeur. Les unes, à cause de leur courte existence, ne pourraient s'accommoder de la lenteur des transports; les autres, à cause de leur éloignement des affaires, ne trouveraient aucune situation humaine en état d'affronter la complication commerciale qui naîtrait inévita-

blement de la longueur de chaque opération et de l'impossibilité absolue pour chacun de la suivre seul dans toutes ses parties.

L'abaissement des frais de transport proprement dits, qui frappe
beaucoup l'esprit, quoiqu'il influe moins en général sur le prix définitif de toutes choses, cet abaissement résulte ici d'une diminution
considérable dans l'effort de traction par le roulement des voitures
sur le fer. Cet effort est à peine le dixième de celui qu'exige une bonne
route ordinaire.

Quoiqu'il ne s'agisse pas de comparer d'une manière générale les
canaux aux chemins de fer, il n'est pas hors de propos de dire quelques réflexions sur les préjugés entretenus contre ces derniers par des
intérêts puissants que le passé tient garrottés ailleurs.

Il passe, pour ainsi dire, en force de chose jugée que les matières
premières doivent être abandonnées aux canaux; et lorsque l'on s'avise
d'objecter que les tarifs actuels ne leur permettent bientôt plus de
lutter même contre les voies ordinaires, on se hâte de répondre que
ces tarifs sont trop élevés.

Que si l'on rappelle alors, pour la plupart des canaux, l'insuffisance
des produits actuels même pour le simple entretien, on répond bien
vite que l'abaissement des tarifs amenant un plus grand mouvement,
les recettes pourront s'accroître; d'autres disent avec assurance, s'ac-
croîtront, sans trop s'inquiéter de savoir si l'augmentation dans le
tonnage transporté compensera la diminution du tarif; sans songer
que ce tonnage est presque partout limité par la quantité d'eau dont
on peut disposer, et suffisante à peine pour le mouvement actuel; sans
réfléchir enfin qu'il est beaucoup de frais, tels que le curage du canal,
la détérioration des écluses, qui doivent augmenter avec le tonnage
transporté.

À tout enfin, on répond que, sans beaucoup charger le commerce,
on peut toujours alléger les matières premières en augmentant, par
compensation, le tarif de toutes les autres; et l'on oublie que ces marchandises si complaisamment chargées ne sont pas obligées de supporter le fardeau, que déjà elles abandonnent les canaux pour les
voies de terre, et qu'alors cet abandon serait plus complet encore.

Sur les chemins de fer, les choses doivent se passer bien autrement.
La rapidité donne de tels avantages commerciaux, que pour la procurer
à certains transports, on se résigne volontiers à un prix élevé. En outre, le caprice des affaires établit dans les convois de voyageurs et

d'objets précieux un incomplet habituel qu'on peut utiliser par le transport des matières premières.

Qu'on les décharge ici d'une grande partie des frais, c'est justice, parce que le voyage se ferait sans elles et coûterait presque aussi cher. Mais dans les canaux rien de pareil. Chaque espèce de produits marche seule et doit prendre à son compte tous les frais du voyage. Décharger les uns pour en charger d'autres, c'est une injustice et une dépense à laquelle doivent nécessairement se soustraire tous ceux qui ne sont pas obligés de s'y résigner.

Mais en vain on accumule les raisons les plus concluantes contre de tels préjugés : les intérêts ligués sont là pour assourdir les aveugles, et il faudra une expérience frappante pour les guérir de leur cécité. Encore quelques années, et cette expérience, aura commencé ; faisons des vœux pour qu'on ne se trouve pas alors trop engagé dans une fausse voie.

Quoi qu'il en soit, revenons aux chemins de fer, car pour nous le choix est fait indépendamment de ce grand débat, dont la solution n'appartient qu'à l'avenir : n'oublions pas que sur la ligne objet de notre étude, il y avait impossibilité *absolue* d'établir une navigation.

La célérité que les chemins de fer ont pu donner couramment jusqu'à ce jour atteint par heure 12 lieues de poste (48,000 m.).

Tout récemment on a augmenté cette vitesse jusqu'à 16 lieues, en portant à deux mètres et même plus la largeur entre les rails ainsi que le diamètre de la roue motrice. Si on lui compare la vitesse des autres voies de transport, on trouve que les malles-postes vont moyennement quatre fois moins vite, les diligences sept fois moins, le roulage quinze fois moins.

Il ne faut pas croire que cette vitesse du mouvement détermine seule le temps définitivement employé dans un trajet un peu long. La nécessité de s'arrêter aux stations diminue d'autant plus la proportion générale de célérité que la locomotion est plus rapide ; et pour bien apprécier son influence il ne faut pas perdre de vue que, sur un chemin de fer horizontal, une locomotive pouvant fournir une force de traction double de la résistance du frottement, c'est-à-dire égale au 1/125 du poids mis en mouvement, pour passer du repos à une vitesse de 12 mètres par seconde (10 lieues 3/4 par heure), exige 5 minutes et 5 secondes, et ne se trouve avoir parcouru dans ce temps que la moitié du trajet qu'elle eût fait avec toute sa vi-

Perte de temps aux stations.

tesse. C'est donc une perte de 2 minutes 32 secondes, et si l'on songe que les stations sont quelquefois distantes à peine d'un myriamètre qui serait parcouru dans 13 minutes 52 secondes, on voit qu'en définitive il faut ajouter au temps calculé par la vitesse possible, près d'un cinquième pour se mettre en mouvement.

Si l'on veut arriver à une vitesse de 18 mètres par seconde (16 lieues 1/4 par heure), il faut 7 minutes et 38 secondes; et, comme dans l'autre cas, on a parcouru seulement la moitié du trajet qu'on eût fait avec toute la vitesse; la perte de temps est ici égale à 3 minutes 49 secondes, c'est-à-dire aux 2/5 du temps nécessaire pour parcourir un myriamètre avec la vitesse entière.

Le passage du mouvement au repos exigerait un temps semblable si on laissait le mobile s'arrêter de lui-même, en supprimant à temps l'action du moteur; et alors en supposant seulement une minute perdue au repos, ce serait un surcroît de temps égal à 7/15 avec la première vitesse, à 14/15 avec la dernière; et la vitesse définitive du parcours serait dans le premier cas 3 myriamètres (7 lieues 1/2) à l'heure; dans le second, 33,613 m, (8 lieues 2/5) à l'heure.

On voit combien a d'importance le temps perdu aux stations, et l'on peut facilement s'expliquer par là tous les efforts que l'on fait pour le diminuer.

A l'arrivée, au lieu de laisser le convoi s'arrêter de lui-même, on fait agir le moteur le plus longtemps possible, au risque de dépenser ainsi plus de force; puis on se sert du frein pour arrêter le convoi plus subitement. Le temps ainsi gagné est ordinairement égal à la moitié de celui qu'il aurait fallu perdre.

Si l'inconvénient de cette manœuvre se bornait à une dépense de vapeur, il aurait peu de gravité, car lorsqu'une machine est en train, un peu moins de vapeur produite ne diminue presque rien à la dépense générale; mais l'emploi du frein est une cause puissante de détérioration pour le chemin et pour les voitures. Aussi toutes les fois qu'on pourra y renoncer, on devra s'empresser de le faire.

Moyens d'accélérer le départ. Le départ avec une force double de la résistance est l'état ordinaire des choses. L'expérience semble indiquer qu'on ne peut sans de graves inconvénients demander à une machine locomotive, pour force habituelle, plus de la moitié du maximum qu'elle peut fournir au besoin.

L'organisation des convois doit donc être telle que dans l'état de mouvement la machine le maintienne en fournissant seulement sa puissance normale. Elle doit alors se trouver capable de donner par exception une force double; et c'est au départ qu'il faut la lui demander pour reconquérir au plus tôt la vitesse du mouvement.

Si à cette puissance occasionnelle de la machine vient se joindre l'inclinaison du terrain; si, par exemple, le chemin au lieu d'être horizontal prend, au départ, une pente descendante équivalant à l'action de la résistance, égale par conséquent à 0^m004, le convoi, pour se mettre en mouvement, se trouvera avoir à sa disposition une force triple de la résistance. La puissance agissant pour accélérer sera dès lors doublée; le temps perdu réduit à moitié; et la vitesse normale obtenue, après un trajet, de 915 m. pour la première vitesse et de 2,061 m. pour la deuxième.

Si au contraire la pente de 0^m004 est ascendante, la résistance devenant double, la machine avec toute la puissance que nous lui avons supposée ne parviendrait simplement qu'à lui faire équilibre. Alors il ne resterait aucune force pour imprimer la locomotion, et le convoi demeurerait en place, à moins qu'une machine de renfort ne vînt produire le mouvement.

Ainsi la disposition la plus convenable pour économiser le temps aux stations, c'est de les placer, autant que possible, au point culminant de deux pentes contraires, ayant le maximum d'inclinaison et une longueur proportionnée, égale par exemple, avec pente de 0^m004, à 915 m. quand on veut atteindre à la vitesse de 12 m. par seconde, et à 2,061 m. pour la vitesse de 18 m.

Cette idée si simple, cette disposition la meilleure, est malheureusement trop difficile à réaliser.

D'abord les points naturellement culminants sont rarement les plus commerciaux; et à ceux qui n'ont pas cette situation naturelle, on ne peut la donner qu'en faisant violence à la topographie par des mouvements de terre quelquefois considérables : car pour les amoindrir, on n'est pas toujours le maître de former cette contre-pente factice, une partie en déblai compensant l'autre en remblai, et notamment lorsque la déclivité naturelle atteint la limite permise à la voie. Alors, en effet, la partie en déblai étant égale à 460 m., exige une pareille longueur pour revenir à niveau, et l'on a perdu pour la pente générale de la voie 920 m. sur l'entre-station, qui ne dépasse pas moyennement un myriamètre. Ce serait donc alors plus de $1/11^e$ d'augmentation nécessaire dans la rapidité des pentes du chemin, et la limite se trouverait franchie; non pas seulement pour la pente d'arrivage, formée par le déblai, qui se prolongeant peu n'est pas, elle, un inconvénient, mais pour la pente générale du chemin.

Il faudrait dans ce cas tout placer en remblai, et de là des terrassements quadruples, puis une pente d'arrivage beaucoup plus rapide ou plus prolongée.

Si, par exemple, la pente générale se trouvait égaler $0^m 0055$, le renflement en remblai nécessaire pour conquérir une contre-pente de 920 m. de longueur, inclinée seulement de $0^m 004$, aurait au point milieu $8^m 74$ de profondeur, et la pente d'arrivage pour le gravir devrait durer 1589 m. avec une déclivité double de la pente générale, c'est-à-dire égale à $0^m 011$. Cette pente n'est pas un obstacle à l'arrivage, parce qu'elle peut facilement se franchir à l'aide de la vitesse acquise; mais au départ, elle est un grave inconvénient, parce que le maximum de vitesse permis se trouvant atteint avant la fin de l'inclinaison, l'usage du frein devient nécessaire.

La conséquence immédiate serait donc une impossibilité à peu près absolue d'établir des voies de fer dans tout pays ne présentant pas une pente inférieure au moins de $1/12^e$ à celle que les chemins de fer peuvent cependant comporter.

Cette conséquence serait désastreuse, pour nous surtout qui, dans la moitié du trajet, touchons à cette limite. Heureusement le service des stations apporte à cette difficulté une solution qui la rend moins désespérante. Pour la bien apprécier, il est nécessaire de pénétrer un peu plus avant dans l'exploitation des voies de fer.

Et d'abord il faut savoir que toutes les stations n'ont pas la même importance. Les plus essentielles sont placées en des lieux que leur situation a établis le centre des relations de la contrée, le point de concentration commerciale où hommes et choses viennent habituellement concourir. Les convois doivent toujours s'y arrêter, et presque toujours, très-souvent du moins, ils trouvent à y compléter leur chargement.

Là se rencontre donc la difficulté dans toute son extension.

Mais là aussi se trouve un remède. Les nécessités du service obligent toujours à tenir dans certaines stations des machines locomotives toutes prêtes à marcher au moindre signal. L'expérience semble indiquer que dans une grande exploitation, ces machines en réserve ne peuvent pas être distantes de plus de 2 myriamètres. Or, les grandes stations sont ordinairement plus éloignées; il doit donc y avoir une machine en réserve dans chacune d'elles. Alors elle peut toujours servir comme renfort pour le départ du convoi. Elle peut le pousser par derrière jusqu'au moment où il a pris toute sa vitesse, puis l'abandonner pour revenir aussitôt à son poste.

Cette ressource est surtout précieuse au passage des cols qu'on est obligé de franchir pour unir deux bassins importants. Dans ce cas, les nécessités topographiques imposent d'ordinaire le maximum de la pente. De leur côté, les besoins commerciaux y amènent des convois chargés pour des pentes très-faibles ; et si la traversée est trop longue pour qu'elle puisse être franchie par la vitesse acquise, il faut nécessairement s'arrêter avant de gravir pour alléger le convoi ou prendre renfort. Heureusement que ces points sont ordinairement commerciaux et indiqués par conséquent pour des stations principales ; alors ce temps d'arrêt n'a plus d'inconvénient, et il arrive une exception aux principes généraux posés plus haut : le point culminant est dédaigné par les stations de premier ordre ; mais il en doit conserver presque toujours une secondaire, desservie tout naturellement par les machines de renfort qui s'y arrêtent de chaque côté.

Ainsi dans l'état normal, les nécessités créées par les voies de fer donnent aux stations principales des moyens de départ assez puissants, alors même qu'une pente ascendante se rencontre immédiatement. Ainsi se trouvent considérablement affaiblies les graves difficultés que présenterait sans cela le départ des stations toutes les fois que la pente générale atteint le maximum.

Il ne faut pas toutefois compter absolument sur l'efficacité du renfort : il pourrait arriver qu'une des machines, mise accidentellement hors de service, ne pût fournir sa puissance ; et l'autre ne suffirait plus pour faire avancer le convoi sur une pente de départ ascendante et égale au maximum. Si donc il n'est pas possible de se la procurer descendante, il la faut tout au moins adoucie et formant une espèce de palier par rapport à l'inclinaison générale.

Il y a aussi des stations intermédiaires, et leur objet unique est la satisfaction des besoins purement locaux. Le grand intérêt commercial, l'intérêt vraiment général n'a pas à s'en préoccuper. Aussi les convois commerciaux ceux qui ont pour but les relations lointaines, se gardent-ils de perdre leur temps et leur force à s'y arrêter. Dans une grande ligne, le service des convois généraux doit être évidem-

Stations intermédiaires.

ment séparé du service des stations intermédiaires. Mais il ne paraît pas impossible de combiner une organisation où il serait fait par les locomotives de réserve. Elles accompagneraient alors le grand convoi jusqu'à la station intermédiaire, lui servant de renfort et remorquant en même temps d'une manière plus spéciale les wagons du service local. Celui-ci, qui n'aurait besoin ni de toute la puissance de la machine, ni de toute la célérité, pourrait s'accommoder des pentes intermédiaires, que ne pourraient gravir, en partant du repos, les grands convois complets.

Dans cette combinaison le service général ne serait pas moins assuré, puisqu'on serait toujours prêt à lui sacrifier accidentellement le service local, et l'on utiliserait du moins la puissance des machines de réserve, qui sans cela seront condamnées à un repos presque toujours stérile et pourtant très-coûteux.

Conclusion.

Quoi qu'il en soit, de ces réflexions générales découlent les conséquences suivantes :

1° Il y a toujours grand avantage pour la célérité, il y en a même pour la dépense, à donner aux deux abords de chaque station des inclinaisons descendantes atteignant le maximum de pente et se prolongeant à près d'un kilomètre.

2° Si la topographie porte obstacle à cet arrangement, il suffit à la rigueur de ménager au départ une résistance moindre que celle du trajet général qui préside dans chaque station à l'organisation du convoi.

Organisation des convois.

Cette organisation est la question la plus importante de l'exploitation des chemins de fer. Plus leurs pentes sont variées, plus elle est difficile et imparfaite.

Et d'abord, on comprend que la force moyenne des locomotives doit être calculée sur l'étendue normale des besoins commerciaux, comparée à l'état général de la résistance du chemin.

Si au delà d'une station la traction doit devenir plus pénible, il faut ou que la quantité de matières transportées diminue, ou que des machines supplémentaires viennent pourvoir à ce surcroît de difficulté.

On comprend aussi que d'une station à l'autre la résistance ne doit jamais dépasser la puissance si l'on ne veut pas s'exposer à consommer la vitesse acquise, et voir par conséquent diminuer la rapidité du mouvement. Dès lors le convoi doit être organisé en vue de la résistance la plus grande, et il y a incomplète utilisation de la dépense pendant tous les autres instants.

Il en résulte donc que, sous le rapport de l'utilisation des locomotives, un chemin de fer sera disposé le mieux possible lorsque, d'un côté, les variations dans la résistance générale d'un trajet à l'autre seront en harmonie avec les modifications que les besoins commerciaux y feront subir aux convois; lorsque, d'un autre, la résistance au mouvement dans le courant du même trajet restera la même, si ce n'est aux deux extrémités où elle devra s'accroître en approchant de la station.

C'est surtout par les courbes et les pentes que la résistance peut varier.

Quant à ces dernières, le rapport du poids au frottement, nous l'avons déjà dit, est à peu près 1/250°, c'est-à-dire qu'une inclinaison de 0^m004 par mètre lui fait équilibre en descendant. Pour la gravir, il faudrait donc une puissance double, et il la faudrait triple si la pente ascendante avait 0^m008 par mètre. *Influence des pentes.*

Cette rapide progression dans les efforts nécessaires, loin de diminuer par les améliorations successives que l'on apportera à la construction des chemins de fer, ne peut que s'accroître; car plus on perfectionnera, plus aussi l'angle du frottement sera petit, et plus l'influence de la pente deviendra grande.

Il ne faut pas d'ailleurs perdre de vue tous les dangers que peut créer une pente supérieure à l'angle du frottement. Alors la voiture, par le seul fait de la pesanteur, peut marcher d'elle-même et prendre une vitesse considérable, parce qu'il n'y a plus que la résistance de l'air qui vienne mettre obstacle à une accélération indéfinie.

Les courbes agissent de leur côté, d'abord par la force centrifuge, qui, tenant les roues latéralement appuyées contre l'intrados des rails, y crée un frottement d'autant plus intense qu'il s'opère par glissement; en second lieu, par la solidarité établie dans chaque couple de roues pour résister à un si rapide mouvement. Cette solidarité, ne permettant pas à la roue extérieure de tourner indépendamment de l'autre, crée un glissement horizontal pour parcourir le surcroît de longueur présenté par le rail de l'extrados. *Influence des courbes.*

Enfin les deux essieux de chaque voiture, jusqu'à ce jour fixés invariablement dans leur position respective, ne peuvent jamais prendre dans cet état une direction normale à la courbe. Et une direction oblique au mouvement, créant encore une nécessité de glissement, augmente le frottement d'une manière notable.

Pour donner une idée de l'influence que ces trois glissements réunis peuvent avoir sur la résistance, il suffit de dire qu'elle est double sur une courbe de 3oo mètres de rayon avec une vitesse médiocre.

Et ce n'est pas seulement l'effort de traction qui se trouve augmenté par l'action des courbes, c'est aussi, c'est surtout la détérioration de la voie et du matériel. Là est un grand surcroît de dépense et en même temps un véritable danger, celui de dévoyer. Pour les éviter l'un et l'autre, il faut donc revenir le plus promptement possible à l'alignement droit, en sorte que l'agrandissement du rayon de la courbe a une limite passé laquelle il devient désavantageux. L'expérience seule peut éclairer cette question. Les enseignements qu'elle donne aujourd'hui consistent à atteindre au moins un rayon de 1,000 mètres, et à ne demeurer au-dessous que pour des cas spéciaux qu'il faut rendre le moins nombreux possible en ne les accordant que pour quelque obstacle grave, le plus ordinairement topographique.

Heureusement nous semblons toucher à une solution satisfaisante des diverses difficultés inhérentes aux courbes. Si l'on réussit complétement, on aura soustrait le tracé des chemins de fer aux dépenses quelquefois immenses où jette la nécessité de ne procéder que par courbes extrêmement ouvertes, et l'entretien, soit du chemin, soit du matériel à une cause de détérioration bien active, peut-être la plus influente.

Rapprochement.   Il y a donc, comme j'ai déjà eu l'occasion de le faire remarquer, entre les pentes et les courbes cette différence essentielle que les nécessités créées aujourd'hui par ces dernières peuvent disparaître d'un instant à l'autre ou du moins s'atténuer considérablement, tandis que l'utilité de modérer et de régler les inclinaisons ne peut que devenir plus grande chaque jour.

On s'est beaucoup plaint dans ces derniers temps des conditions de pentes imposées aux compagnies des chemins de fer. Je ne pourrais, quant à moi, en faire reproche au gouvernement. Il savait l'avenir de cette question; et il ne devait pas l'oublier, surtout aux abords d'une grande capitale.

Ailleurs on pourra peut-être se montrer moins rigoureux, et encore partout la sûreté publique imposera des limites qu'on ne pourra franchir sans une haute imprudence.

On comprend que je n'ai pas ici en vue les chemins de simple exploitation. Là les dangers n'étant courus que par des matières inanimées, on n'y trouve plus qu'une simple question d'économie qui n'est pas toujours incompatible avec des pentes fortes, surtout avec des plans inclinés de peu de longueur. Mais lorsque la vie des hommes peut être engagée, la question d'humanité devient dominante, et c'est elle qui doit tout décider.

Eh bien, c'est un fait constant qu'au-dessus d'une pente de 0^m004, un wagon est sur le point de se mettre en mouvement par lui-même sur un chemin de fer bien construit, bien entretenu et bien propre. A 0^m0055 de pente, le mouvement est spontané presque en toute circonstance, et si la résistance de l'air ne venait arrêter son accélération, elle n'aurait pas de bornes. Si l'on dépasse cette limite de pente, le plus léger accident dans la marche des voitures peut devenir grave. Un convoi ascendant n'est jamais sûr de ne pas voir venir à lui quelque wagon échappé d'un lieu supérieur et qui aura trouvé dans la pente un moteur irrésistible.

Assurément il n'est pas impossible de concevoir des wagons munis d'un frein construit de telle sorte que son action commence spontanément dès qu'il se trouve séparé du convoi. L'on comprend que loin d'un grand centre de population, on puisse se fier assez à une telle précaution pour s'en contenter, dans le but d'éviter une grande dépense de premier établissement; et encore là il faut toujours que la pente soit assez courte pour que toute l'accélération possible, à défaut du frein qui peut manquer, ne dépasse jamais une certaine limite.

Bornons là nos réflexions générales sur l'art des chemins de fer. Nous avons parcouru les principes essentiels qui dans l'état actuel de la science doivent partout présider à leur établissement; appliquons-les à la ligne que nous avons particulièrement en vue.

§ II. — Stations principales. — Détermination du chemin de fer par rapport à ses pentes.

Occupons-nous d'abord des stations principales; elles appellent les directions du chemin, et de plus elles doivent avoir une grande influence, nous venons de le voir, sur le règlement de ses pentes.

Les points vraiment commerciaux désignés par les relations actuelles sont peu nombreux sur la ligne de Lourdes à la Garonne. Quatre seulement méritent d'être ainsi nommés : Lourdes, Tarbes, Vic-Fezensac, Pont-de-Bordes ou la Garonne :

Lourdes, par ses importantes exploitations et parce qu'il doit être le point de départ du chemin descendant à Bayonne et de la ligne se dirigeant vers l'Espagne ;

Tarbes, parce que c'est un chef-lieu ; parce que sa population dépasse 12,000 âmes, parce que sa situation en fait le centre des relations commerciales de ces contrées ;

Vic-Fezensac, parce qu'il est au cœur de l'Armagnac et que les blés du Gers viendraient aussi y concourir ;

Pont-de-Bordes enfin, ou plutôt la Garonne, parce que là serait le point de rattachement du chemin de fer avec le mouvement général des affaires.

Indépendamment de ces quatre points principaux déjà signalés par les nécessités actuelles, l'établissement du chemin de fer en ferait naître évidemment un autre qui ne leur céderait en rien pour l'importance, c'est le lieu de rencontre avec l'Arros ; point de rattachement de la ligne venant du bas Adour par Plaisance ; point de concours pour l'exploitation de l'Arros, du Bouès, de la plaine de Riscles.

Ces stations auraient entre elles les espacements suivants :

De Lourdes à Tarbes . . . . 22,532 m.
De Tarbes au confluent du Bouès, dans l'Arros . . . 36,345
Du Bouès à Vic-Fezensac 36,694
De Vic-Fezensac à Pont-de-Bordes 49,586

Complément de stations
principales exigé par les
nécessités futures.

On voit que les trois derniers dépassent notablement la distance établie d'ordinaire entre les locomotives de réserve et les stations de premier ordre. On voit aussi qu'il suffit d'en intercaler trois autres. Mais aucune d'elles n'étant impérieusement commandée par les besoins commerciaux, c'est à la topographie, c'est aux nécessités immédiates nées de l'usage du chemin de fer qu'il faut en demander la fixation.

Le profil d'ensemble du terrain suivant la ligne indiquée dans la description générale est représenté planche I, figure 1.

Il montre, du plateau d'Enclades à l'Arros, une pente moyenne de 0.m0046, s'affaiblissant un peu de Vic-Bigorre à l'Arros, augmentant au contraire de Tarbes à Lourdes.

Dans cet espace, il faut deux stations de premier ordre, devant l'une et l'autre conquérir leur palier d'ascension. Ce sera facile à Tarbes, nous le verrons bientôt. Sa station, d'ailleurs, est commandée; et des difficultés topographiques ne seraient en aucun cas un motif suffisant pour l'en dépouiller.

Ce motif, au contraire, peut fort influencer l'autre station, et une idée se présente tout d'abord, c'est de chercher à utiliser le passage obligé de l'Adour pour lui former le palier nécessaire. L'Adour, en effet, étant peu encaissé, un remblai assez considérable est exigé par le pont, et cet exhaussement doit donner en amont cette partie moins rapide propre à l'établissement d'un palier.

Station d'Artagnan.

D'un autre côté, il arrive que ce passage, pour s'effectuer normalement à la rivière, doit avoir lieu près d'Artagnan, qui divise à peu près également le trajet entre Tarbes et le Boués. Enfin ce point est intermédiaire entre Labasteus, Maubourguet et Vic; très-voisin de cette dernière ville, et pouvant ainsi desservir la riche plaine de l'Adour autour de ces trois cités.

C'est donc bien là le lieu assigné par la force des choses à une station intermédiaire entre Tarbes et le Boués.

De ce dernier point à Vic-Fezensac, il nous en faut une autre; et ici nous rencontrons un de ces cols signalés plus haut dans les principes généraux, où la longueur des pentes ascendantes qui servent à les franchir crée la nécessité d'établir des stations de premier ordre au pied des deux descentes, pour peu que des besoins commerciaux réclament ce passage. Et dans notre cas, les exigences commerciales sont évidentes; car les convois venus de la Garonne sont tenus complets par le transport des houilles, aussi bien que ceux qui arrivent de l'Arros par le transport des exploitations de Lourdes; et jusqu'au pied de la descente de Mascaras, c'est-à-dire à 700 m. au-dessus du chemin de Callian, ils n'ont trouvé que les pentes douces de l'Osse et de la Guiroue. Pour continuer leur marche malgré cet accroissement subit d'inclinaison, il faut donc ou diminuer le fardeau, ou se donner une nouvelle puissance; et l'un et l'autre demandent un temps d'arrêt, c'est-à-dire une station.

Station du chemin de Callian.

C'est encore là un point désigné pour arrêter les convois généraux entre l'Arros et Vic-Fezensac, encore bien qu'il divise l'espace en deux parties un peu inégales.

Enfin on doit prévoir qu'une station secondaire entre l'Arros et le chemin de Callian est naturellement indiquée au sommet du col, près du souterrain. Peut-être aussi qu'il serait possible, dans l'intérêt de Bassoues, ou plutôt du pays aboutissant par Montesquiou, d'arrêter le service local à la route départementale qui unit ces deux villes.

Cet ensemble de dispositions satisferait probablement à toutes les nécessités, sans en contrarier aucune.

Station de la route
départementale de
Condom à Montréal.

Enfin entre Vic-Fezensac et Pont-de-Bordes, les pentes sont trop douces pour créer des difficultés sérieuses au service du chemin; les convenances locales doivent donc avoir plus d'influence; et l'intérêt de Condom, ici le plus important, réclame une station de premier ordre à la moindre distance possible. C'est désigner la route départementale de Montréal, qu'on rencontre dans l'Osse à 22,543 m, au-dessous de Vic-Fezensac.

Cet espacement est, comme on le voit, très-convenable, et si de là à Pont-de-Bordes il reste un peu plus de distance (26,043 m.), ce ne serait qu'un bien faible inconvénient. D'ailleurs, il faut se rappeler que la station définitive du plateau de la Gélize sera probablement plus rapprochée. Enfin une dernière remarque favorable encore à la route de Montréal doit aussi être faite, c'est qu'en montant vers Vic on trouve, pendant quelque temps encore, une pente notablement plus faible que dans le reste du trajet. C'est là, nous l'avons vu plus haut, une heureuse circonstance pour une station. Ici donc tout se réunit encore pour fixer en ce lieu la station intermédiaire entre Vic-Fezensac et Pont-de-Bordes.

Ainsi nous aurons en résumé, de Lourdes à la Garonne, huit stations de premier ordre, déterminées et espacées ainsi qu'il suit:

1° Lourdes au point culminant. . . . . »   m.

2° Tarbes, distant de Lourdes de 22,732

3° Passage de l'Adour à Artagnan, distant de Tarbes de. 18,500

4° Passage de l'Arros, distant du passage de l'Adour de. . 17,845

5° Chemin de Callian à Castelnau-d'Angles, distant de l'Arros de. 22,031

6° Vic-Fezensac, distant du chemin de Callian de . . . 14,663

7° Rencontre de la route départementale de Condom à

Montréal, distante de Vic de . . . . 22,543 m.
Et de Pont-de-Bordes ce 26,043

8° Enfin Pont-de-Bordes ou tout autre point déterminé ultérieurement pour rattacher le chemin de fer venant de Lourdes, soit à celui de Bordeaux à Marseille, soit à la Garonne elle-même. . , ... »

Maintenant étudions avec plus de détails chacun de ces huit points de stationnement, sous le rapport surtout des pentes qui doivent les aborder de tous côtés. Détails sur chaque station.

L'espace que nous avons appelé plateau de Lourdes, et, comparé aux montagnes qui l'environnent, il mérite bien ce nom; ce plateau n'est pas tout à fait aplani. A l'entrée de la branche orientale qui appartient à l'Échez, se trouve un petit rein A B (1) élevé de quelques mètres, prolongation à peine visible du pied de la montagne, et qui sépare les deux versants de l'Adour et de l'Échez; de telle sorte qu'il existe deux parties distinctes à la rigueur, l'une à l'orient de ce rein, qu'on peut appeler plateau d'Anclades (hameau de Lourdes); l'autre à l'occident, qui serait le plateau de Lourdes proprement dit. Station de Lourdes.

Ce rein s'abaisse à ses deux extrémités, de manière à y former deux petits cols dont l'un au nord B, près de Sarsan (autre hameau de Lourdes), est plus déprimé de 8 m.; l'autre au sud A, plus voisin d'Anclades, et par conséquent aussi de la branche ascendante vers Pierrefitte. Cols de Sarsan et
d'Anclades.

Le col de Sarsan est à peu près au niveau général du plateau d'Anclades. Il peut recevoir les eaux de ce hameau ou lui envoyer les siennes.

Le plateau de Lourdes n'est pas comme celui d'Anclades, composé d'un plan à peu près unique. On peut en distinguer trois : l'un au nord appelé quartier de Pouey-Lata, au niveau général du plateau d'Anclades, du col de Sarsan, et qui va se prolongeant vers les marais de Pouey-Ferré. Un second plus au midi, quartier du Liou, moins élevé de cinq ou six mètres, sur lequel se trouve bâtie la ville; enfin un troisième au sud-ouest, appelé le quartier de Lannes-Dessus, plus bas encore de quatre mètres; celui-ci, arrivant au bord de la gorge où coule le Gave et se trouvant en harmonie avec ce qui reste vers Aspin, sur l'autre rive, de l'ancien sol de la branche ascendante. Les eaux du Gave se trouvent à 17 m. en contre-bas de ce dernier plan. Plateau de Lourdes.

(1) Plan de Lourdes. Planche II.

La descente du premier plateau de Lourdes au second dut former, autrefois, un plan incliné plongeant du nord au sud et parallèlement au rein d'Anclades ; mais il est arrivé que Lapaca, ruisseau né au col de Sarsan, après avoir descendu ce plan incliné, en suivant sa ligne de plus grande pente le long du rein B A, s'est retourné tout à coup à l'ouest, attiré par le creux du Gave et en suivant le pied du plan incliné. Ainsi, il y a formé une petite gorge qui sépare Pouey-Lata du Liou, et descend jusqu'à la grande rivière.

Du plateau de Liou à celui de Lannes-Dessus, la transition se fait sans accidents topographiques remarquables, par quelques ondulations de terrain dont le marais du Liou est le point de départ.

Point de concours des trois branches. C'est au milieu de cette topographie qu'il faut trouver un point commun aux trois branches où elles puissent arriver avec des inclinaisons qui ne dépassent pas 0^m0055, et d'où l'on puisse partir dans tous les sens avec des pentes descendantes ou tout au moins des paliers peu inclinés.

Il faut aussi ce point situé de manière à satisfaire aux importantes exploitations de roches usuelles dont nous avons précédemment donné le détail.

Il faut enfin que la ville de Lourdes en soit assez voisine pour profiter convenablement du chemin de fer.

La question entière ne manque pas, on le voit, de complication, et la difficulté serait grande si pour la résoudre on ne la divisait. C'est ce que je vais tâcher de faire ; et pour rendre la discussion plus simple, j'en dégagerai tout d'abord les nécessités fatalement apportées par chacune des trois branches du chemin de fer.

Branche orientale de la Garonne. Celle de la Garonne arrive à Arcizac-ez-Angles, origine du plateau d'Anclades, dont la longueur dépasse 3,000 m., dont le niveau est à 407 m. au-dessus de la mer. Sur ce plateau coulent plusieurs ruisseaux, notamment l'Échez ; et il est couvert de prairies arrosées par leurs eaux.

C'est donc là, pour cette branche, un niveau à peu près obligé, tout au moins dans la partie voisine d'Arcizac, de l'Échez, des prairies.

Branche méridionale vers les Pyrénées. La branche méridionale qui descend de Pierrefitte ne peut arriver sur le sol de Lourdes qu'au niveau du plateau inférieur, dit Lannes-Dessus, situé à 398 m. au-dessus de la mer.

Ainsi le veulent les restes de l'ancien sol de la vallée, qui seuls peuvent permettre l'établissement de la voie entre Lourdes et la plaine d'Argelès; ainsi le veut la gorge du Gave, qu'il faut traverser par un viaduc déjà élevé de 17 m., pour arriver seulement à ce niveau, et qui permettrait bien difficilement un passage plus élevé.

Pour monter du plateau d'Anclades à Pierrefitte, il faut donc commencer par descendre.

C'est là une véritable anomalie; mais il ne faut pas s'en plaindre, car cette branche ascendante était la seule vers laquelle le départ pût être difficile. Grâce à cette disposition naturelle, il devient possible d'obtenir sans efforts une station commune, d'où l'on n'aura qu'à descendre en partant, dans tous les sens.

Essayons d'abord d'une ces deux branches. Deux directions aussitôt se présentent à l'esprit : l'une empruntant le col de Sarsan, l'autre le col d'Anclades.

Union des deux branches

Les deux lignes F A E et F C D E les indiquent. L'une et l'autre sont tracées de manière à n'avoir que des courbures de 1,000 m. de rayon et à profiter le mieux possible de la topographie naturelle pour le règlement des pentes.

La première, après avoir passé sur le point le plus bas du col de Sarsan, est obligée, par la courbure, de s'éloigner du premier cours de Lapaca; mais c'est là une circonstance heureuse, car elle y aurait rencontré une pente supérieure à 0^m017, tandis que le chemin qu'elle suit lui en donne une moindre. Et encore bien qu'elle ait ensuite à franchir le petit bassin de Lapaca dans sa deuxième direction, ce travail est notablement moindre que celui de toute autre assiette qui eût pu être essayée.

De son côté, la ligne F A E est dirigée de manière à profiter du petit creux où se trouve l'étang d'Anclades; et en se dirigeant ensuite vers la partie basse du Liou, elle arrive plus facilement au plateau de Lannes-Dessus, et trouve un emploi économique aux déblais du col d'Anclades.

Les profils F A E, F C D E donnent la topographie exacte de ces deux lignes, et les tracés indiqués dans l'une et dans l'autre sont le règlement le plus naturel des pentes, en n'ayant égard qu'à la jonction de ces deux branches. La station se ferait alors en G pour la première; en C pour la seconde.

Dans ce cas, en dégageant la question de toute autre préoccupation, la ligne F A E serait évidemment la meilleure, car elle aurait en développement 368 m. de moins, des pentes presque aussi douces, et des travaux évidemment moindres.

Mais la question perd cette simplicité dès qu'on y introduit la troisième branche, qui elle-même est incertaine, on ne l'a pas oublié, entre deux directions, la vallée du Gave et celle de l'Ousse.

Cette dernière arriverait par Loubajac au plateau de Pouey-Lata, de niveau avec celui d'Anclades, sur lequel elle parviendrait ainsi sans aucun effort, et y trouverait immédiatement la ligne F C D E.

La trace L K C, sur le plan de Lourdes, planche II, indique cette voie venant du bassin de l'Ousse. Le point C de rencontre serait le lieu du stationnement, et le profil C K donne le détail topographique.

Si c'était l'autre ligne du plateau d'Anclades qu'il fallût aller rencontrer, on le pourrait évidemment en prolongeant jusqu'en H la trace de la ligne précédente; mais alors la direction par le col d'Anclades perdrait une partie de ses avantages; la communication entre Bayonne et l'Espagne s'allongeant de 2,713 mètres.

Mieux vaudrait, dans ce cas, suivre la ligne arrivant directement sur le col d'Anclades. La trace M N K l'indique, et le profil M N K en donne la topographie.

Alors la branche de l'ouest pourrait rencontrer en M la branche du sud, et marcher avec elle jusqu'en G, sommet de la pente où se trouverait le stationnement commun.

Cette disposition aurait sur celle du col de Sarsan de nombreux avantages :

1° Abréviation notable pour les trois branches et dans toute direction;

2° Accélération pour chacune, au départ de la station;

3° Diminution dans les dépenses, soit par l'abréviation des trajets, soit par la communauté de direction depuis le point M.

Ce n'est pas que la même voie puisse être commune aux deux lignes; car alors une d'elles entrant en croisement serait obligée de ralentir sa marche, et on perdrait pour le départ tout l'avantage de la position culminante. Mais il y aurait communauté d'une partie des talus, et par conséquent économie de terrassements et de superficie occupée.

Il est vrai que d'un autre côté les difficultés topographiques seraient plus grandes, à cause de la traversée du bassin de Lapaca. Mais en supposant qu'il y eût sous ce rapport compensation, resteraient toujours les deux premiers avantages, qui sont les plus essentiels.

Il nous faut maintenant supposer que la troisième branche arrive par le bassin du Gave.

Elle aura alors deux grands obstacles à vaincre. D'abord l'abaissement de son niveau général qui lui donne à franchir une plus grande hauteur pour atteindre au plateau d'Anclades; en second lieu les sinuosités de la gorge qui ne lui laissent pas le choix du terrain et l'obligent à rechercher de préférence les restes de l'ancien fond de la vallée. Le tracé le plus élevé qu'ils permettent viendrait déboucher dans le petit bassin de Lapaca, sous la chaussée neuve de Lourdes, à 393 m. au-dessus de la mer; à 14 m. par conséquent en contre-bas du plateau d'Anclades; élévation qui nécessiterait un développement de 2,545^{m}25 pour être franchie par une pente de 0^{m}0055. Or, il n'y a que 1,332 mètres jusqu'au rein d'Anclades. Il est donc clair qu'il faudra le trancher, comme il l'a fallu pour la ligne venant de Pierrefitte; plus profondément encore, puisque l'on partira de plus bas. Ici la branche inférieure du bassin de Lapaca, conduisant au pied du col d'Anclades, est évidemment la meilleure direction à suivre pour économiser les travaux et abréger les distances.

Quant au col de Saran, il est complétement exclu de cette combinaison, soit par la difficulté d'y parvenir avec des courbes ouvertes, soit par l'allongement qui en résulterait.

Ainsi, en définitive, il y a accord entre toutes les lignes pour désigner le passage par le col d'Anclades.

Malheureusement toutes ne s'accordent pas aussi bien dès qu'il s'agit de régler les pentes. Le tracé qui suffisait à la ligne de Pierrefitte ou à celle de l'Ousse ne convient nullement à la branche occidentale par le bassin du Gave. Nous l'avons déjà dit, le niveau d'où elle partirait à l'aplomb de la chaussée de Lourdes est élevé de 393 m. au-dessus de la mer, et pour atteindre à 407 m., niveau du plateau d'Anclades, il faudrait un développement de 2,545 m., qui porterait le point culminant, et par suite la station, à 910 m. à l'est. La tranchée du rein d'Anclades serait notablement approfondie; et la ligne de Pierrefitte, sans être obligée de s'enfoncer jusqu'au même point, devrait pourtant modifier ses pentes de manière à se mettre en harmonie avec la station commune, pour se procurer, elle aussi, l'avantage d'une descente au départ.

Il y a donc cela de remarquable, que si l'on doit construire une voie de Lourdes à la Garonne, avant de résoudre la question pendante entre les vallées de l'Ousse et du Gave, on ne risquera jamais rien en commençant par l'établir selon la trace *a d c*, profil F A E. Cette partie de l'approfondissement devant se faire dans tous les cas.

Quant au point culminant il pourra varier de position. Placé d'abord au point G, il n'en changera pas si le chemin de Bayonne arrive par l'Ousse, mais il se transportera au point H si l'on veut aussi une ligne par la vallée du Gave.

Enfin, la station de premier ordre assignée à Lourdes ou à ses environs, doit être évidemment ce point culminant commun à toutes les directions, si l'on veut considérer les nécessités à naître de l'usage du chemin de fer.

Exploitations de Lourdes.
Intérêt de la cité. Mais nous n'avons encore examiné ni l'intérêt de la ville de Lourdes ni celui de ses exploitations; ils méritent cependant l'un et l'autre de n'être pas dédaignés.

Quant aux exploitations, remarquons d'abord que ce qui peut assurer, dans le transport des matières lourdes ainsi produites, l'économie la plus grande, c'est l'heureux avantage de partir du point culminant; afin de n'avoir ensuite qu'à descendre soit vers Bayonne, soit vers Aiguillon, en suivant une pente toujours voisine de l'angle du frottement, c'est-à-dire assez forte pour le vaincre. Alors les convois descendants n'ont plus de bornes dans leur chargement; et si ce n'était la détérioration et le retour des wagons, la descente de ces matières se ferait absolument pour rien.

Mais cet avantage disparaîtrait à l'instant si la station de chargement n'était rigoureusement au point le plus élevé. Pour peu qu'il y eût à monter au départ, ce trajet suffirait pour imposer une limite très-onéreuse à la composition des convois.

L'intérêt des exploitations réclame donc aussi la station au point culminant.

Mais déjà cet intérêt des carrières n'est-il pas également l'intérêt essentiel de la cité? Donner aux roches immenses qui l'environnent une valeur, la plus grande possible, n'est-ce pas son avenir, sa ressource principale, sa richesse? Tout autre intérêt ne s'efface-t-il pas pour elle devant celui-là; et dût-il condamner ses habitants à faire quelques pas de plus pour aller prendre cette station quand ils voudraient se transporter de leur personne, ils n'hésiteraient sans doute pas à le faire. Leur devise, en effet, devrait être : *Tout pour les exploitations.*

Il doit donc y avoir une station principale sur le plateau d'Anclades, et c'est là qu'il faut rassembler les produits des carrières.

Mais ce rassemblement, comment s'opérera-t-il avec le plus d'économie? C'est là une dernière question, fort importante également, qu'il nous reste à pénétrer.

Et d'abord où sont situées les carrières?

Le marbre d'Aspin, dont le débouché peut être immense à cause de sa solidité et du bas prix de sa fabrication, est situé aux points PP, sur la rive gauche du Gave, à 400 mètres du chemin de fer, et peut aisément s'y rattacher au point Q; mais il est à 4 ou 5 kilomètres du point culminant d'Anclades.

Marbre d'Aspin.

Les lavasses existent en différents lieux; mais les plus belles, les meilleures sortent du point R, situé sur la montagne dite le Gers, d'où elles descendent par une glissoire jusqu'à leur point de chargement sur la route royale. C'est donc, par rapport au chemin de fer, une situation analogue à celle du marbre d'Aspin.

Lavasses.

Les ardoises s'extraient d'un grand nombre de points, et notamment des carrières de Viger, SS, situées sur la montagne de ce nom, à peu de distance de la route royale, où elles arrivent à dos d'homme ou par traîneaux. Elles sont bien tout aussi voisines du chemin de fer que les autres carrières, mais leur distance au plateau d'Anclades est plus grande; elle atteint 5,206 mètres. Les autres ardoisières de Lourdes sont en général situées sur le Gers, au versant du Néés. Elles arriveraient sur le chemin de fer par la route royale, à moins que le développement de l'exportation ne fît sentir le besoin de quelque embranchement de voie de fer qui, partant du plateau de Lourdes, vînt en contournant le Gers, ramasser à la fois lavasses, pierres de taille, ardoises, rencontrées à chaque pas sur ce trajet.

Ardoises.

Peut-être même ne serait-il pas impossible de prendre le plateau d'Anclades lui-même pour point de départ de cette ceinture du Gers. On y trouverait l'avantage d'arriver immédiatement à la station culminante, qui serait un véritable entrepôt général.

Du bassin du Néés le gîte des ardoises passe à Labassère, en se dirigeant à l'ouest. Il constitue, chemin faisant, toutes les hauteurs qui séparent le bassin de l'Oussouet des bassins du Néés et de l'Echez; et dans ce passage, le schiste semble devenir plus fissile sans perdre les qualités qui le font durer. Les ardoises de Labassère, notamment, peuvent se réduire à un état extrême d'amincissement, tout en conservant la faculté de durer jusqu'à soixante années.

Malheureusement elles sont sur le versant occidental de l'Oussouet, laissant ainsi tout ce vallon entre elles et le contre-fort qui les sépare de l'Echez. Mais l'on peut concevoir un système de plans inclinés permettant de charger les wagons à l'ardoisière même, et, après avoir franchi successivement ces obstacles par le seul poids des chargements, d'arriver ainsi au chemin de fer vers Escoubés; ramassant dans le trajet toutes les autres ardoises qui pourraient se fabriquer sur le versant même de l'Echez, où elles se montrent semblables à celles de Labassère, notamment entre Ossun-ez-Angles et Neuilh.

Pierres de taille. Les pierres de taille se trouvent pour ainsi dire partout.

Anclades a les siennes au point T.

Le plateau de Lourdes a des exploitations ouvertes aux points U U U; un peu plus loin aux points V V (carrières des Courregès au bord de la route royale);

Viger aussi en fournit d'excellentes;

Plus loin encore Agos a les siennes tout à côté du tracé probable que suivrait la branche méridionale du chemin de fer. Des carrières de pierre de taille, en un mot, on peut en établir à chaque pas dans toute la région occupée par cette puissante formation de calcaire de transition qui, régnant presque sans partage depuis Agos jusqu'à la gorge de Saint-Pé, compose toutes les hauteurs aux environs de Lourdes.

Chaux. Quant aux chaux, elles peuvent se fabriquer dans les mêmes lieux que les pierres de taille avec leurs propres débris. Et la possession du combustible est pour ainsi dire la seule condition à remplir.

L'on voit donc que les exploitations diverses auxquelles doit donner écoulement le chemin de fer se trouvent comprises entre Escoubès et Agos. Alors même que toutes demeureraient obligées d'apporter leurs produits à la station principale par les voies de terre, il y aurait sans doute encore amélioration sur l'état actuel des choses; mais cette obligation serait bien onéreuse; et ajoutant notablement au prix de revient, elle diminuerait beaucoup la quantité écoulée.

Heureusement que la plupart d'entre elles pourraient arriver facilement sur la voie de fer en quelques points spéciaux : Agos, le pied de Viger, le Pont-Neuf, le plateau d'Aspin, surtout le plateau de Lourdes, Anclades et enfin Escoubès.

Il est évident de reste que le service général du chemin de fer, destiné aux transports lointains et rapides, ne saurait s'accommoder de ces nombreux stationnements. Mais n'oublions pas qu'il doit y avoir aussi un service local se faisant entre les stations principales et auquel peuvent très-bien concourir, ainsi que nous l'avons dit plus haut, les locomotives de réserve, nécessitées par le service lointain. C'est celui-là surtout qu'il faut combiner de manière à donner satisfaction à ces exploitations diverses, en leur épargnant le plus de frais possible.

Toutefois ce service, encore bien que local, ne peut être assujetti à s'arrêter à chacun des points d'arrivage que nous venons d'indiquer. La distance totale est à peine 13,000 m., et il y aurait sept temps d'arrêt; ce qui est véritablement impossible. Il suffirait assurément d'en établir trois : un à chaque extrémité, et un troisième sur le plateau de Lourdes qui, divisant à peu près également la distance, aurait en même temps l'avantage de desservir plus immédiatement la cité elle-même.

Il y aurait enfin possibilité de donner aux exploitations les plus importantes la faculté de s'embrancher sur le chemin de fer, mais avec obligation pour elles de conduire immédiatement leurs wagons chargés à l'une des stations du service local.

Ainsi le service général ne s'arrêterait qu'au plateau d'Anclades, station culminante. Le service intermédiaire, fait par les locomotives de réserve, stationnerait aussi à Escoubès, à Lourdes, à Agos, et ramasserait tous les wagons à la station principale.

Enfin chaque service individuel conduirait immédiatement ses wagons à l'un de ces quatre points.

Par cette triple combinaison toutes les nécessités de la question seraient évidemment satisfaites.

Lourdes aurait donc aussi sa station, de second ordre à la vérité, mais suffisant à tous ses besoins; et qui ne pourrait être mieux placée que sur le plateau du lieu où est bâtie la ville elle-même. De là vers Pierrefitte on s'acheminerait par une descente; et en formant un seul niveau entre les deux routes, le convoi partant de l'extrémité méridionale aurait à parcourir vers Anclades une assez longue horizontale pour trouver le temps d'acquérir une vitesse raisonnable avant de rencontrer la montée.

Résumant toutes les considérations qui viennent d'être exposées sur la station culminante de Lourdes et de ses environs, on voit que le chemin de fer entre Arcizac et Lourdes devrait avoir dans tous les cas,

Résumé.

pour position, la ligne F A E du plan général, et pour pentes diverses celles qui sont données dans le profil F A E par la trace $a\, d\, c$ E,
si le chemin de Bayonne arrivait par l'Ousse; puis il faudrait l'appro-
fondir jusqu'à la trace $a\, b\, c$ E, si le bassin du Gave recevait lui-même
une voie de fer.

Mais comme l'adoption provisoire du premier profil ne compromet
rien, il est évident que pour le moment, et jusqu'à solution définitive,
c'est lui qu'il faut adopter pour la construction préalable du chemin
de fer entre Lourdes et la Garonne.

Station de Tarbes. Passons à la station de Tarbes.

Cette ville est située entre le lit de l'Adour et celui de l'Echez, séparés en ce point par une distance de 3,500 m. et par une hauteur
de 14 m. de berge à berge, de 16 m. d'eau à eau.

A l'orient, la ville touche à l'Adour, à l'occident elle s'arrête à
1,500 m. de l'Echez, et s'y trouve à 10 m. au-dessus des eaux ordinaires de cette rivière.

Cette extrémité est donc la seule où le passage puisse s'opérer facilement. D'ailleurs, le chemin venant du bassin de l'Echez, elle est naturellement la plus voisine de son tracé. Reste à savoir si en ce point la
pente générale du terrain nous donnera sans efforts le palier que nous
devons chercher pour la station de Tarbes.

Mais du moment que la ville se trouve sur une partie de la plaine
supérieure au bassin proprement dit de l'Echez, pour quitter ce dernier et se rapprocher d'elle n'est-il pas nécessaire de relever en ce
point le tracé; et cette nécessité ne doit-elle pas précisément former
naturellement le palier désiré?

C'est en effet ce qui arrive. La petite plaine qui, partant de Sainte-
Catherine, extrémité sud-ouest de la ville, pour aller rejoindre au midi
vers la Gespe le bassin de l'Echez, ne présente qu'une pente ascendante de 0^{m}002 par mètre pendant plus de 1,200 m., tandis que pour
descendre la plaine immédiatement au-dessous de Tarbes ou pour re-
monter l'Echez jusqu'à Arcizac, la déclivité naturelle générale donne
0^{m}0055 par mètre.

Ainsi, pour satisfaire aux nécessités du chemin de fer, il n'y a qu'à
le diriger par l'extrémité occidentale de la ville et suivre à peu près
exactement le sol naturel, soit au-dessus jusqu'à la Gespe, soit au-dessous, pour ainsi dire jusqu'à la route de Rabastens à Vic.

La station serait alors à Sainte-Catherine. Pour partir vers Lourdes on aurait à monter seulement 0^m002 par mètre sur 1,566 m. Pour partir vers Bazet, on trouverait d'abord une pente descendante de de 0^m007 jusqu'au chemin de Bordères (1,260 m.), puis une autre de 0^m004 jusqu'au canal des moulins (1,300 m.), et là, on reprendrait la pente générale de 0^m0055 qui règne jusqu'au delà de Bazet.

On peut remarquer que les deux pentes de 0^m007 et 0^m004 fondues en une seule donnent 0^m0055 comme le reste du trajet. J'ai supposé que ce règlement général était opéré, et c'est d'après ce profil que les terrassements ont été calculés, uniquement pour que d'un bout à l'autre, de la Garonne à Pierrefitte, il n'y eût pas une seule pente supérieure à 0^m0055; déclivité pour laquelle la résistance de l'air, en modérant suffisamment la vitesse, dispense de l'emploi du frein. Mais dans la construction réelle on pourrait peut-être renoncer à cette satisfaction un peu puérile; car dans cette courte descente à 0^m007 de pente, la vitesse acquise ne pourrait, en aucun cas, s'accélérer au point de présenter un grand danger, la direction surtout se trouvant en ligne droite.

Il serait donc peut-être préférable de suivre tout simplement le sol naturel. On y gagnerait une réduction notable dans les terrassements, et une pente d'arrivage plus en harmonie avec l'obligation de s'arrêter.

Jusque-là nous n'avons considéré que les nécessités propres à l'exploitation du chemin de fer. Le développement de la cité ne nous a point préoccupés, et pourtant il faut le prévoir.

La ville de Tarbes a une véritable importance, non pas seulement parce qu'elle est chef-lieu, mais bien plutôt parce que le commerce de ces contrées l'a choisie pour son point de concours. Un marché, je pourrais dire une foire immense, s'y tient deux fois par mois; et les produits créés à dix lieues à la ronde viennent s'y mettre en présence pour s'échanger entre eux ou pour s'exporter.

Rien ne peut enlever à cette cité son importance commerciale; elle la tient de sa position centrale entre les divers lieux qui ont besoin de se mettre en relations. Une seule remarque suffit pour le prouver. Elle n'a rien fait pour faciliter la tenue de son marché; il n'y a pas un seul abri commercial; les produits qui s'y rendent demeurent exposés à toutes les intempéries. Les marchés environnants sont au contraire pourvus de halles spacieuses et commodes; cependant aucun d'eux ne parvient à diminuer en rien l'énorme fréquentation du marché de Tarbes.

Elle s'affaiblirait moins encore assurément si la vaste plaine qui l'entoure depuis Bagnères jusqu'à Maubourguet voyait enfin utiliser tous ses éléments industriels. Il n'y a certainement rien de hasardé à prédire à cette cité un grand avenir commercial, et c'est le chemin de fer qui doit surtout l'assurer et le hâter.

Aussi en le traçant faudrait-il se garder de gêner un jour ce développement probable.

C'est la seule objection raisonnable que l'on puisse faire à l'établissement de la traversée sur le sol naturel. Alors en effet le chemin de fer, avec les nécessités actuelles de l'art, devient pour elle une limite infranchissable; car il serait impossible de venir le traverser à niveau par un grand nombre de rues. Mais pour se rassurer à cet égard, il suffit de mesurer des yeux l'étendue immense qu'on laisse à la ville, au nord et au midi, entre l'Adour et le chemin de fer; et peut-être même, en définitive, considérera-t-on comme un bien cette nécessité qui lui sera imposée de ne pas augmenter sa longueur actuelle, démesurée aujourd'hui et vraiment funeste à ses intérêts sociaux.

Station d'Artagnan. Pour la station d'Artagnan, il reste peu à dire. Le passage de l'Adour obligeant à exhausser la chaussée de 3^m60 au-dessus des berges, un palier long de 1,020 m. avec une pente ascendante de 0^m0008 seulement, conduira au niveau de la route départementale de Vic à Rabastens. Ce sera donc le palier de la station.

J'aurais pu éviter quelques remblais en brisant ce plateau par deux pentes afin d'aller joindre plus promptement le sol naturel. Mais je me serais exposé par là aux grandes eaux de l'Adour qui auraient pu venir de la partie supérieure. Il fallait, pour ce motif, se tenir à la hauteur indiquée. Au reste si la question, étudiée de plus près, laissait apercevoir la possibilité de cet abaissement, il en résulterait une diminution dans le cube des terrassements, et le départ de la station se ferait tout aussi bien, peut-être même avec un peu plus de célérité. Du côté de Sauveterre, la descente de la station se fait par une pente de 0^m005 qui va rejoindre le sol naturel après 3000 m. de parcours. De ce côté, comme on le voit, nul embarras, et toute facilité pour partir rapidement.

La station de l'Arros est mal placée, puisqu'elle est dans un bas-fond et que le chemin de fer y arrive en descendant des deux côtés, pour ainsi dire avec le maximum de la pente. C'est encore un point commercial important, et les convois en partiront presque toujours bien chargés dans toutes les directions; tantôt vers la Garonne par les exploitations de Lourdes; tantôt vers le haut pays par les houilles du Lot; d'autres fois enfin vers l'une et l'autre de ces deux directions par les produits du bas Adour et de l'Arros.

Toutefois, il faut le remarquer, les convois s'y déchargeront en partie; mais comme ils y arriveront organisés pour les pentes descendantes de l'Adour ou pour les rampes si douces de l'Osse et de la Guiroue, on peut être assuré qu'après s'être allégés quelque peu, ils conserveront encore un chargement très-complet.

Il eût été bien désirable de profiter ici du passage de l'Arros pour se donner de chaque côté de la station une pente descendante; mais cette disposition, qui ne pouvait se conquérir aux dépens des pentes générales, parce qu'elles sont déjà trop fortes en ce point, devait alors s'obtenir uniquement par un exhaussement extraordinaire du passage de l'Arros. Il m'a semblé que les dépenses considérables qui en devaient inévitablement résulter seraient hors de proportion avec l'avantage obtenu.

D'un autre côté, la machine de réserve étant là pour faire renfort au besoin, les nécessités essentielles m'ont paru satisfaites, et je me suis contenté de ménager dans la plaine de l'Arros un palier tout à fait horizontal de 1,32 m. de longueur.

L'extrémité orientale de ce palier touche à la pente de 0^m005 par mètre descendue du souterrain de Mascaras.

L'extrémité occidentale est le commencement d'une rampe de 0^m0037 qui monte vers Sauveterre. C'est la déclivité du terrain qui la demandait ainsi

Le départ est donc plus facile vers Tarbes que vers la Garonne, et pourtant les convois descendant des Pyrénées seront plus chargés, à cause des exploitations de Lourdes et de la facilité de locomotion, qui leur aura laissé une latitude immense.

Pour rétablir un peu l'équilibre entre les deux stations, il faut donc laisser au départ oriental la majeure partie du palier.

La rive gauche du Lascor, petit ruisseau distant de l'Arros de 450 m., semble le point désigné pour atteindre ce but. Les convois montant vers Mascaras auraient alors à parcourir horizontalement environ 1,000 m., qui, avec le secours de la machine de renfort, permettraient d'atteindre la vitesse normale, même avec des chargements complétés pour une pente descendante de 0^m0013; et selon toute apparence, les convois venus de Lourdes, quand ils se seront allégés des fardeaux destinés au bas Adour, n'exigeront pas une puissance plus grande.

Faisons enfin une dernière réflexion. Si un jour les transports descendant de Lourdes exigeaient par leur étendue la formation dans la plaine de l'Arros de ces deux pentes contraires, on les pourrait toujours établir par des remblais ajoutés au profil proposé; mais celui-ci très-probablement suffira pour bien longtemps.

Station du chemin de Callian.

La station du chemin de Callian à Castelnau-d'Angles aura, comme celle de l'Arros, à préparer l'ascension vers le col de Mascaras; mais elle sera dans une situation meilleure. Le convoi montant de la Garonne arrivera organisé seulement pour une pente ascendante de 0^m003 depuis Vic-Fezensac, tandis qu'à l'Arros le convoi était arrivé de Lourdes tout au moins avec le chargement d'une descente générale de 0^m0045. Il n'était donc pas aussi nécessaire d'y ménager un palier horizontal; et comme d'ailleurs le terrain ne se prêtait pas à cette disposition, je me suis contenté de ce qu'il a pu donner. Cette pente s'est ainsi trouvée égale à 0^m0026. Malgré cette inclinaison ascendante, le service s'y fera plus facilement que dans l'Arros, les convois y arrivant beaucoup moins chargés.

Station de Vic-Fezensac de la route de Condom à Montréal.

Il reste encore trois stations dans le versant de la Garonne. Les pentes y sont douces partout et bien inférieures à la limite du frottement. Il n'en serait pas moins utile de leur ménager, à elles aussi, des inclinaisons descendantes des deux côtés de chaque station. Mais il eût fallu des terrassements trop considérables, et j'ai dû me borner à donner au départ ascendant une rampe plus faible que la déclivité générale de l'entre-station. En cela j'ai été puissamment aidé par la règle ordinaire qui donne aux bassins une rapidité plus grande vers leur source; disposition naturelle parfaitement en harmonie avec le départ ascendant.

Dispositions générales entre les stations.

Après avoir ainsi déterminé les huit stations principales, il reste à fixer les pentes propres à les unir.

La disposition la plus favorable à la traction serait, nous l'avons vu plus haut, une pente unique entre deux stations voisines. Pour la réaliser absolument, il eût fallu des mouvements de terre considérables, tandis qu'en ne m'astreignant pas à la dernière rigueur, j'ai pu suivre beaucoup mieux le terrain naturel, et cependant sans m'écarter notablement de la pente générale.

De ces diverses considérations est résulté le règlement des pentes du chemin de fer tel qu'il est représenté par les profils divers dans la planche I, fig. I, et dans le tableau suivant.

TABLEAU DES INCLINAISONS

ENTRE LOURDES ET PONT-DE-BORDES, SUR UNE LONGUEUR DE 144 KILOMÈTRES 157 MÈTRES.

SENS de l'INCLINAISON.	Numéros d'ordre.	D'ARCIZAC A PONT-DE-BORDES.	De 0 à 1 millimètre par mètre. Longueur.	Inclinaison.	De 1 à 2 millimètres par mètre. Longueur.	Inclinaison.	De 2 à 3 millimètres par mètre. Longueur.	Inclinaison.	De 3 à 4 millimètres par mètre. Longueur.	Inclinaison.	De 4 à 5 millimètres par mètre. Longueur.	Inclinaison.	De 5 à 6 millimètres par mètre. Longueur.	Inclinaison.
Pente.	1	D'Arcizac, profil n° 1, 406,199 mil. au-dessus de la mer, à un point situé à 240 m. au sud de la Gespe, profil n° 283, 315,886 mil. au-dessus de la mer.	»	»	»	»	»	»	»	»	»	»	16057m	0m 0055
Pente.	2	Du point précédent à Tarbes (croix de Ste-Catherine), profil n° 314, 314,751 mil. au-dessus de la mer. . . .	»	»	1566 m	0m 002	»	»	»	»	»	»	»	»
Pente.	3	Du point précédent au profil 495 situé à 154 m. avant le chemin d'Andrest à Tostat, 315,492 mil. au-dessus de la mer.	»	»	»	»	»	»	»	»	»	»	10175m	0m 0055
Pente.	4	Du point précédent au canal du moulin de Camalès—profil 546—248,073 mil. au-dessus de la mer.	»	»	»	»	»	»	»	»	3004m	0m 0048	»	»
Pente.	5	Du point précédent à la route départementale de Vic à Rabastens —profil 600—227,823 mil. au-dessus de la mer. . . .	»	»	»	»	»	»	3581m	0m 0037	»	»	»	»
Pente.	6	Du point précédent à la rivière de l'Adour—profil 626—227,007 mil. au-dessus de la mer. . . .	1020m	0m 0008	»	»	»	»	»	»	»	»	»	»
Pente.	7	Du point précédent au canal dit la Gaou, entre Liac et Gensac—profil 677—211,982 mil. au-dessus de la mer. . . .	»	»	»	»	»	»	»	»	3095m	0m 0005	»	»
Pente.	8	Du point précédent au ruisseau de l'Estoux—profil 744—198,446 mil. au-dessus de la mer.	»	»	»	»	»	»	3990m	0m 0034	»	»	»	»
Pente.	9	Du point précédent au chemin vicinal de grande communication, n° 5—profil 772—191,817 mil. au-dessus de la mer. . . .	»	»	»	»	»	»	»	»	1500m	0m 0044	»	»
Pente.	10	Du point précédent à la route départementale de Maubourguet à Marciac—profil 842—163,452 mil. au-dessus de la mer. . . .	»	»	»	»	»	»	»	»	5672m	0m 005	»	»
Pente.	11	Du point précédent au profil 903 situé à 310 m. avant le ruisseau du Lascor, 150,825 mil. au-dessus de la mer. . . .	»	»	»	»	»	»	3412m 95	0m 0037	»	»	»	»
Palier.	12	Du point précédent au profil 926 situé à 300 m. après l'Arros, 150,825 mil. au-dessus de la mer. . . .	1223m	0m 000	»	»	»	»	»	»	»	»	»	»
Rampe.	13	Du point précédent au profil 1015 (entrée du souterrain) situé à 60 m. avant le ruisseau du Lys, 191,070 mil. au-dessus de la mer. . . .	»	»	»	»	»	»	»	»	9249m	0m 005	»	»

N°	Désignation	Nature	de 0 à 1 mil.	de 1 à 2 mil.	de 2 à 3 mil.	de 3 à 4 mil.	de 4 à 5 mil.	de 5 à 6 mil.
14	Du point précédent au profil 1079 (milieu du souterrain), 193,826 mil. au-dessus de la mer	Rampe.	»	»	»	»	»	»
15	Du point précédent au profil 1102 (sortie du souterrain), 198,495 mil. au-dessus de la mer	Pente.	736m / 0m 0005	»	»	»	»	»
16	Du point précédent au profil 1144, situé à 492 m. avant le ruisseau de la Guiroue, 195,714 mil. au-dessus de la mer	Pente.	»	1957m / 0m 0014	»	»	»	»
17	Du point précédent au profil 1220, situé à 180 m. après le ruisseau de la Guiroue, 157,579 m. au-dessus de la mer	Pente.	»	»	»	»	7627m / 0m 005	»
18	Du point précédent au profil 1312, situé à 210 m. avant le canal du moulin de Cobouron, 143,082 mil. au-dessus de la mer	Pente.	»	»	5576m / 0m 0026	»	»	»
19	Du point précédent au ruisseau de la Guiroue—profil 1416—142,200 mil. au-dessus de la mer	Pente.	1103m / 0m 0005	»	»	»	»	»
20	Du point précédent au partage de la Guiroue—profil 1534—127,058 mil. au-dessus de la mer	Pente.	»	»	6057m / 0m 0025	»	»	»
21	Du point précédent à la route royale d'Auch à Nogaro, traverse de Vic-Fezensac—profil 1590—123,890 mil. au-dessus de la mer	Pente.	»	2640m / 0m 0012	»	»	»	»
22	Du point précédent au profil 1622, situé à 1174 m. avant la route dé-	Pente.	»	1619m / 0m 0011	»	»	»	»
23	Du point précédent au ruisseau de l'Osse, près de Montpouleu, limite de Fréchou et de Nérac—profil 2223—66,161 mil. au-dessus de la mer	Pente.	»	2323m / 0m 0013	»	»	»	»
24	Du point précédent à la route de Nérac à Mézin—profil 2376—67,890 mil. au-dessus de la mer	Rampe.	2881m / 0m 0006	»	»	»	»	»
25	Du point précédent au viaduc (passage de la barque) limite des sections 4 & 5 de Nérac, 69,735 mil. au-dessus de la mer	Rampe.	3691m / 0m 0005	»	»	»	»	»
26	Du point précédent à la Baïse (Pont-de-Bordes)—profil 2470—65,876 mil. au-dessus de la mer	Pente.	»	2572m / 0m 0015	»	»	»	»
	TOTAL		10754m05	48191m	12360m	10983m95	30058m	26832m

D'ARCIZAC A LOURDES.

N°	Désignation	Nature	de 0 à 1 mil.	de 1 à 2 mil.	de 2 à 3 mil.	de 3 à 4 mil.	de 4 à 5 mil.	de 5 à 6 mil.
1	D'Arcizac—profil n° 1—406,199 mil. au-dessus de la mer, au point culminant du plateau de Lourdes—profil 35—411,813 mil. au-dessus de la mer	Rampe.	»	»	»	»	»	1527m / 0m 0055
2	Du point précédent à la route départementale de Bagnères à Lourdes—profil 65—103,415 mil. au-dessus de la mer	Pente.	»	»	»	2441m / 0m 004	»	»
3	Du point précédent à la route royale n° 21, de Paris à Barèges—profil 75—102,440 mil. au-dessus de la mer	Pente.	»	878m / 0m 0011	»	»	»	»
	TOTAUX		»	878m	»	2441m	»	1527m

	RÉSUMÉ DES DEUX PARTIES		de 0 à 1 mil.	de 1 à 2 mil.	de 2 à 3 mil.	de 3 à 4 mil.	de 4 à 5 mil.	de 5 à 6 mil.
			10754m05	49066m	12360m	13424m95	30058m	28359m

§ III. — Tracé du chemin de fer par rapport à ses alignements.

Plateau d'Anclades.

En parlant des plateaux de Lourdes et d'Anclades, j'ai dit avec détail quels devaient être les alignements du chemin de fer au point de concours des trois branches qui s'y réunissent. Je n'ai donc pas besoin de revenir sur cette partie de la question. Je rappellerai seulement que dans tous les cas les trois lignes doivent se diriger vers le col d'Anclades.

Bassin de l'Échez, angle de la Géline.

En descendant l'Échez, le premier changement notable dans la direction du bassin a lieu au-dessous d'Escoubès. Là il se dévie au nord presque par un angle droit. Heureusement qu'en ce point le plat-fond, resserré jusqu'alors entre des coteaux très-rapprochés, s'élargit assez pour permettre d'y tracer au besoin une courbe d'un rayon supérieur à 1500 m., sans quitter le fond du bassin ou du moins les plateaux qui peuvent être considérés comme en faisant partie. Cet élargissement subit de la vallée de l'Échez est dû au confluent du petit vallon de la Géline, qui semble être le prolongement véritable, vers la montagne, du bassin inférieur.

Bénac.

De ce point jusqu'à Tarbes, il se présente encore un léger coude, près de Bénac, déterminé par le contre-fort qui amène l'Aube un peu plus loin. Cet angle, quoique sensible, est cependant très-ouvert. D'ailleurs le bassin en ce point a une si grande étendue qu'il laisse toute facilité au développement du chemin.

Bassin de l'Adour.

A Tarbes, nous l'avons déjà dit, s'ouvre le magnifique bassin de l'Adour, si parfaitement aplani qu'on pourrait y tracer presque dans toutes les directions des pentes uniformes, sans jamais s'écarter du sol naturel de plus d'un demi-mètre. Le chemin de fer va par un seul alignement droit de Tarbes à Sauveterre, distants de 26,335 m.; et s'il n'avait eu à traverser l'Adour, il aurait pu ne pas quitter un instant le sol naturel. Au reste, l'exhaussement qu'il était forcé de prendre pour cette traversée a été parfaitement utilisé, puisqu'il a permis d'asseoir très-convenablement la station, nécessaire, d'Artagnan.

Sauveterre.

A Sauveterre, la traversée du contre-fort et le désir d'éviter des terrassements ont rendu indispensable une double courbe en forme de S. Elle a permis de prendre plutôt le plat-fond de l'Arros.

Bassin de l'Arros.

Celui-ci n'est pas aplani comme la vallée de l'Adour, et pour arriver le mieux possible à traverser la rivière près de la station du Lascor, il a fallu se tenir presque à la racine du coteau occidental. Il en est résulté quelques points d'inflexion, mais qui sont peu sensibles et ne dérangent en rien la direction générale.

Au passage de l'Arros, le chemin se tourne presque à angle droit pour aller, par le bassin du Lys, prendre le souterrain de Mascaras. Mais la plaine en ce point est si largement ouverte qu'on trouverait à y tracer sans beaucoup d'efforts un quart de cercle de 2,000 m. de rayon. Je me suis contenté, comme partout ailleurs, d'un rayon de 1000 m. et j'ai pu former ainsi la traversée de l'Arros par une ligne droite de 3,018 mètres.

Traversée de l'Arros.

La rivière en ce lieu forme plusieurs zigzags qui forceraient à la traverser plusieurs fois. Pour les éviter tous, pour donner en même temps une direction régulière et normale à la ligne du chemin de fer, il suffit de creuser à l'Arros un nouveau lit sur 125 m. de longueur, mais si près du chemin que les déblais peuvent servir pour sa chaussée tout aussi bien que des emprunts latéraux, qu'il eût toujours fallu à droite et à gauche pour élever les abords du pont. Ce changement de lit n'est donc pas une dépense véritable, et il améliore notablement soit l'écoulement des eaux, soit l'assiette du chemin.

De l'Arros au souterrain, tout est commandé par l'épaisseur du contre-fort, par la hauteur à franchir, qui en est la conséquence, et par la pente adoptée, qui ne peut dépasser 5 millimètres par mètre.

Bassin du Lys.

Plusieurs directions ont été essayées afin d'arriver à la moindre dépense. Deux sont indiquées sur le plan. L'une avait d'abord été jugée la meilleure; mais les nivellements détaillés ont montré la possibilité de l'améliorer notablement, sans détériorer en rien ni le développement ni les courbures. Cette modification a servi de base aux calculs de terrassements détaillés dans les divers cahiers.

Le passage du Lys au souterrain se fait aisément; mais la sortie vers la Menette présente plus de difficultés. Le maintien d'une courbure de 1,000 m. de rayon ferait entrer profondément dans le versant méridional de ce petit vallon, et l'on serait forcé d'y creuser une galerie souterraine. Elle n'offrirait il est vrai, ni les dépenses ni les inconvénients d'un souterrain véritable, car l'on pourrait latéralement y parvenir et l'éclairer. Malgré cela il m'a semblé plus à propos de faire ici une exception à la courbure générale en réduisant à moitié le rayon, mais

Bassin de la Menette.

en ayant soin de la combiner avec une telle diminution de la pente que la réunion des deux difficultés ne dépassât point la résistance présentée par l'inclinaison générale d'ascension. Par cette exception à la courbure et avec une pente de $0^m 0014$ par mètre, le chemin a pu suivre à peu près le fond du vallon et arriver au sol naturel très-près du confluent de la Menette, dans la direction même de la Guiroue, qui fait cependant presque un angle droit avec le vallon de sortie.

Les deux directions sont, au reste, tracées sur le plan cadastral, et il suffit d'y jeter les yeux pour apprécier le parti qui est proposé.

Bassins de la Guiroue et de l'Osse. La Guiroue et l'Osse ont une direction constante vers le nord. Elles sont l'une et l'autre sinueuses, étroites; toutefois le lit même de ces deux ruisseaux donnerait une fausse idée des sinuosités de leurs vallées, car ils semblent se complaire à en sillonner le fond. Celui-ci est à peu près horizontal, sur une largeur qui s'agrandit au confluent des vallons secondaires, mais qui demeure ordinairement peu au-dessus de 100 m. En sorte que si l'on ne tient pas compte de la présence du ruisseau et que l'on trace le chemin le plus droit possible, sans sortir néanmoins du plat-fond, la ligne générale qui en résulte présente, à la vérité, une suite d'alignements droits et de courbes, mais, à l'exception d'un point, elles sont tellement ouvertes qu'il n'en est pas une seule dont le rayon ne dépassât au besoin 2,500 m.

Passage de la Tillade. Ce point exceptionnel est le passage de la Tillade près le chemin de Valence à Gondrin. Là le fond du bassin fait un crochet si prononcé, que pour conserver à la ligne du tracé sa continuité, partout ailleurs très-satisfaisante, il sera nécessaire de trancher le coteau de Caupenne, qui forme dans la vallée une espèce de promontoire. Heureusement son élévation est assez faible pour permettre une telle opération.

Dispositions générales dans le reste du Bassin. Ne pas tenir compte du lit de l'Osse semble au premier abord chose presque impossible; mais en y regardant de plus près, ce parti apparaît bientôt comme le plus économique, en même temps qu'il est évidemment le plus convenable à la direction du chemin de fer.

Quelques mots suffiront pour le démontrer.

Il faut d'abord se rappeler, car nous l'avons déjà vu, que l'écoulement de l'Osse, hors les inondations, est nul en été, insignifiant à toute époque. Il lui suffit d'un lit variable dans sa largeur entre 6 et 8 m. et dans sa profondeur entre 2 et 3 m.

Lors des inondations, le fond de la vallée se couvre d'une nappe d'eau qui ne dépasse guère 1 m. d'élévation; ajoutons que les coteaux entre lesquels coule l'Osse sont coupés par une quantité innombrable de petits vallons par où arrivent les eaux pluviales au bassin principal, et nous aurons donné une idée exacte du bassin de l'Osse.

Dans cette situation, deux partis peuvent être adoptés: fuir le lit du ruisseau en se tenant toujours sur la même rive, à l'origine des coteaux qui bordent la vallée; ou bien s'établir dans le fond du bassin en remblai de 0^{m}80 à 1^{m}20 les terres étant prises par le creusement de deux rigoles latérales qui pourraient en même temps servir d'écoulement à l'Osse. On donnerait à la rigueur à ces deux rigoles une section assez considérable pour qu'elles pussent remplacer le lit même du ruisseau; et alors le chemin de fer, partageant le cours d'eau dans le sens de la longueur, se trouverait placé entre les deux moitiés du lit.

Le premier parti présente deux inconvénients principaux. D'abord il fait traverser tous les petits cours d'eau secondaires arrivant du même côté, et le nombre en est immense; en second lieu, si l'on veut échapper à toutes les sinuosités de ces innombrables vallons latéraux, il est indispensable de les traverser par des remblais qui descendront presque toujours au niveau du fond du bassin et qui s'élèveront de toute la hauteur dont le chemin sera tenu au-dessus de la vallée. Il est donc très-vraisemblable que ces terrassements seront aussi considérables que ceux qu'il faudra dans le fond du bassin pour tenir le chemin au-dessus des inondations; d'ailleurs ils coûteront plus cher, car ils exigeront un plus long transport des terres.

Établi dans la vallée même, et placé entre deux canaux qui le longent d'un bout à l'autre, le chemin de fer échappe à l'inconvénient que nous venons de signaler.

Il ne lui faut plus d'aqueducs. De chaque côté les eaux pluviales trouvent un écoulement longitudinal dans l'une des rigoles, et quant au lit du ruisseau, il ne doit plus être traversé, puisque, d'un bout à l'autre aussi, il est remplacé par ces deux moitiés qui n'ont plus besoin de communiquer entre elles.

Il est vrai qu'alors chacune des usines actuelles serait réduite à la moitié des eaux coulant de son côté, et se trouverait par là dépouillée d'une partie de son droit; mais il est possible de remédier à cet inconvénient en construisant pour ces cas spéciaux, en travers du chemin, un passage aux eaux coulant du côté opposé; et comme ici il ne s'agirait pas des inondations, on n'aurait qu'à pourvoir à l'écoulement moyen, pour ainsi dire insignifiant. De simples aqueducs suffiraient donc à ce besoin. Dans les évaluations des travaux d'art, je leur ai supposé 4 m. d'ouverture, uniquement pour me tenir au-dessus de la vérité ; car ce débouché est évidemment trop grand toutes les fois qu'il ne s'agit pas de donner passage aux hautes eaux. Cette nécessité ne se présente que dans les lieux où les courbures convenables à l'assiette du chemin de fer forcent à se rapprocher assez du coteau pour qu'il ne reste plus de ce côté un passage aux inondations.

Ce tracé présente en outre deux avantages très-précieux.

D'abord les deux rigoles latérales fermant le chemin de fer, le dispensent de toute autre clôture. D'un autre côté, la direction du cours des eaux étant rendue la plus droite possible, leur pente est plus forte que celle de l'ancien lit, et les inondations doivent s'y écouler plus facilement.

Nous en avons dit assez pour démontrer, sous le triple rapport de la bonne viabilité du chemin, de l'économie dans les frais de construction et de l'écoulement des eaux, qu'il y a tout à gagner à établir la voie de fer dans le fond de la vallée, en l'élevant au-dessus des inondations et en la flanquant de deux ruisseaux donnant au besoin écoulement chacun à la moitié des eaux de l'Osse.

Bassins de la Gélise, de la Baïse, de la Garonne. En quittant le bassin de l'Osse, le chemin se trouve sur le large plateau de Sainte-Catherine. Il peut s'y développer facilement pour prendre la direction du bassin de la Gélise, qui conduit d'abord à Lavardac, puis à Viane, et enfin à la Garonne, sans qu'il éprouve, dans ce trajet, aucune déviation notable.

Enfin ces divers alignements, droits ou courbes, entre Lourdes et Pont-de-Bordes sont détaillés dans le tableau suivant.

D'ARCIZAC A PONT-DE-BORDES.

Numéros d'ordre.		ALIGNEMENTS DROITS.	ANGLE DES TANGENTES à droite.	ANGLE DES TANGENTES ouvert à gauche.	RAYON de 1000 mét.	RAYON de 500 mét.	INCLINAISONS.
1	Du profil n° 1 à 0 m. 40 après le profil n° 2.	30.40	»	»	»	»	0.0055
2	Du point précédent à 0 m. 40 avant le profil n° 6. (Traversée de l'Échez.)	»	»	164°	272.20	»	0.0055
3	Du point précédent à 41 m. 68 après le profil n° 23.	1085.06	»	»	»	»	0.0055
4	Du point précédent à 27 m. 16 avant le profil n° 40.	»	»	138°30'	724.18	»	0.0055
5	Du point précédent à 20 m. 60 après le profil n° 46.	467.75	»	»	»	»	0.0055
6	Du point précédent à 0 m. 60 avant le profil n° 54.	»	»	156°	418.80	»	0.0055
7	Du point précédent à 1 m. 70 après le profil n° 63.	362.30	»	»	»	»	0.0055
8	Du point précédent à 26 m. 20 avant le profil n° 68.	»	»	162°	344.10	»	0.0055
9	Du point précédent à 8 m. 13 après le profil n° 85.	934.33	»	»	»	»	0.0055
10	Du point précédent à 18 m. 53 avant le profil n° 90.	»	»	162°30'	313.24	»	0.0055
11	Du point précédent à 9 m. 44 avant le profil n° 112.	1309.09	»	»	»	»	0.0055
12	Du point précédent à 3 m. 05 après le profil n° 135.	»	135°	»	191.91	»	0.0055
13	Du point précédent à 23 m. 65 avant le profil n° 190.	1148.51	»	»	»	»	0.0055
14	Du point précédent à 22 m. 34 avant le profil n° 192.	»	135°	»	383.90	»	0.0055
15	Du point précédent à 9 m. 34 après le profil n° 201.	2865.71	»	»	»	»	0.0055
16	Du point précédent à 26 m. après le profil n° 209.	»	»	162°15'	313.68	»	0.0055
17	Du point précédent à 8 m. après le profil n° 222.	416.66	»	»	»	»	0.0055
18	Du point précédent à 23 m. 68 avant le profil n° 306. (Traversée de Juillan.)	»	140°	»	693.00	»	0.0030
19	Du point précédent à 07 m. 68 après le profil n° 312.	4714.32	»	»	»	»	0.0020
20		»	»	157°	401.36	»	0.0045
21	Du point précédent à 21 m. 13 avant le profil n° 766. (Traversée de Tarbes.)	26705.19	»	»	»	»	0.0037
22	Du point précédent à 27 m. 87 avant le profil n° 776.	»	141°45'	»	619.26	»	0.0008
23	Du point précédent à 132 m. 46 avant le profil n° 778.	550.44	»	»	»	»	0.0059
24	Du point précédent à 32 m. 46 après le profil n° 784.	»	»	109°30'	1334.92	»	0.0041
25	Du point précédent à 7 m. 87 après le profil n° 833.	2868.41	»	»	»	»	0.0050
26	Du point précédent à 4 m. 63 après le profil n° 838.	»	163°	»	296.76	»	0.0059
27	Du point précédent à 11 m. 74 avant le profil n° 876.	2135.63	»	»	»	»	0.0050
28	Du point précédent à 41 m. 74 après le profil n° 896.	»	117°30'	»	1095.48	»	0.0050
29	Du point précédent à 19 m. 23 avant le profil n° 953. (Traversée de l'Arros et du Boués.)	3018.03	»	»	»	»	0.0037
30	Du point précédent à 8 m. 27 avant le profil n° 969. (Traversée de Marciac à Plaisance.)	»	140°	»	540.96	»	0.0000
31	Du point précédent à 29 m. 87 après le profil n° 971.	541.44	»	159°	261.75	»	0.0050
32	Du point précédent à 59 m. 63 après le profil n° 973.	»	»	»	»	»	0.0050
33	Du point précédent à 4 m. 73 avant le profil n° 957.	1757.64	167°	»	226.96	»	0.0050
34	Du point précédent à 41 m. 77 avant le profil n° 990.	»	»	»	»	»	0.0050
35	Du point précédent à 4 m. 18 avant le profil n° 1021.	2968.59	147°	»	575.86	»	0.0059
36	Du point précédent à 32 m. 68 après le profil n° 1036.	»	»	»	»	»	0.0058
37	Du point précédent à 3 m. 26 avant le profil n° 1043.	160.06	»	»	»	»	0.0059
38	Du point précédent à 14 m. 74 avant le profil n° 1054.	»	146°15'	»	540.52	»	0.0037
39	Du point précédent à 14 m. 73 avant le profil n° 1097. (Traversée du souterrain.)	998.91	»	»	»	»	0.0005
40	Du point précédent à 2 m. 17 avant le profil n° 1106.	»	»	149°	645.66	»	0.0014
41	Du point précédent à 11 m. 75 après le profil n° 1107.	73.92	»	»	»	»	0.0014
	A reporter.	55,461=07	1519°30'	1495°45'	10,238=68		

TOME I.   8

D'ARCIZAC A PONT-DE-BORDES.

Numéros d'ordre		ALIGNEMENTS DROITS	ANGLE DES TANGENTES ouvert à droite	à gauche	RAYON de 1,000 mét.	de 500 mét.	INCLINAISONS
	Report.	55,561m07	151°30'	145°45'	10,238m66	»	0.0014
42	Du point précédent à 26 m. 75 avant le profil n° 1114	»	»	»	»	357m50	0.0014
43	Du point précédent à 28 m. 05 avant le profil n° 1119	270.70	130°15'	»	»	»	0.0014
44	Du point précédent à 26 m. 95 avant le profil n° 1136	»	»	91°30'	»	776.10	0.0014
45	Du point précédent à 4 m. 92 après le profil n° 1148	655.87	171°30'	»	»	»	0.0060
46	Du point précédent à 0 m. 92 avant le profil n° 1151	236.69	»	»	156.16	»	0.0050
47	Du point précédent à 26 m. 32 avant le profil n° 1158. (Traversée de la Guirone.)	»	»	165°45'	»	»	0.0050
48	Du point précédent à 4 m. 77 avant le profil n° 1162	334.36	165°15'	»	260.46	»	0.0050
49	Du point précédent à 7 m. 59 après le profil n° 1168	»	»	»	261.32	»	0.0050
50	Du point précédent à 21 m. 91 après le profil n° 1173	1003.97	»	»	»	»	0.0050
51	Du point précédent à 1 m. 88 après le profil n° 1191	»	»	163°30'	313.24	»	0.0050
52	Du point précédent à 15 m. 12 après le profil n° 1197	1556.48	»	»	»	»	0.0060
53	Du point précédent à 10 m. 40 avant le profil n° 1227	»	116°	»	1116.80	»	0.0060
54	Du point précédent à 2 m. 40 après le profil n° 1249	368.45	»	146°	593.30	»	0.0050
55	Du point précédent à 30 m. 85 après le profil n° 1256	»	»	»	»	»	0.0050
56	Du point précédent à 1 m. 15 après le profil n° 1258	»	»	»	»	»	0.0050
57	Du point précédent à 3 m. 61 avant le profil n° 1288	1037.24	»	143°15'	645.22	»	0.0050
58	Du point précédent à 30 m. 29 avant le profil n° 1302	»	171°	»	157.16	»	0.0025
59	Du point précédent à 9 m. 42 après le profil n° 1357	2978.81	»	»	»	»	0.0025
60	Du point précédent à 12 m. 42 avant le profil n° 1360	»	»	»	225.98	»	0.0025
61	Du point précédent à 9 m. 51 après le profil n° 1363	1346.68	167°30'	»	»	»	0.0025
62	Du point précédent à 3 m. 60 avant le profil n° 1387	»	»	»	»	»	0.0025
63	Du point précédent à 11 m. 39 après le profil n° 1428	2108.05	154°45'	»	452.40	»	0.0025
64	Du point précédent à 16 m. 30 avant le profil n° 1436	»	»	169°15'	191.52	»	0.0025
65	Du point précédent à 71 m. 04 avant le profil n° 1491	9662.29	»	»	»	»	0.0008
66	Du point précédent à 9 m. 51 après le profil n° 1495	»	157°30'	»	400.48	»	0.0025
67	Du point précédent à 22 m. 74 avant le profil n° 1513	843.75	»	147°	1099.26	»	0.0025
68	Du point précédent à 27 m. 26 avant le profil n° 1521	»	»	»	»	»	0.0025
69	Du point précédent à 10 m. 32 après le profil n° 1528	455.58	»	»	714.58	»	0.0025
70	Du point précédent à 25 m. 32 avant le profil n° 1550	»	139°30'	»	»	»	0.0012
71	Du point précédent à 24 m. 46 après le profil n° 1560	49.78	»	»	176.50	»	0.0012
72	Du point précédent à 27 m. 04 après le profil n° 1567	»	»	170°	»	»	0.0012
73	Du point précédent à 0 m. 25 après le profil n° 1574	294.21	170°30'	»	»	»	0.0012
74	Du point précédent à 5 m. 25 avant le profil n° 1577	»	»	»	»	»	0.0012
75	Du point précédent à 1 m. 93 après le profil n° 1610. (Traversée de la route royale d'Auch à Vic-Fezenzac.)	2347.18	»	»	173.64	»	0.0017
76	Du point précédent à 4 m. 43 avant le profil n° 1623	»	162°30'	162°30'	»	»	0.0017
77	Du point précédent à 31 m. 62 avant le profil n° 1635	625.81	»	»	313.24	»	0.0017
78	Du point précédent à 18 m. 38 avant le profil n° 1640	»	150°30'	»	»	»	0.0017
79	Du point précédent à 10 m. 89 avant le profil n° 1670	1646.49	»	156°30'	470.28	»	0.0017
80	Du point précédent à 8 m. 61 avant le profil n° 1680	»	»	»	»	»	0.0017
81	Du point précédent à 9 m. 97 avant le profil n° 1722	2244.64	156°30'	»	417.94	»	0.0017
82	Du point précédent à 25 m. 97 après le profil n° 1731	»	»	166°30'	»	»	0.0017
83	Du point précédent à 2 m. 22 avant le profil n° 1769	1934.81	»	»	243.44	»	0.0017
84	Du point précédent à 0 m. 22 après le profil n° 1775	»	»	»	»	»	0.0017
85	Du point précédent à 16 m. 39 après le profil n° 1827	2768.39	164°15'	»	278.78	»	0.0017
86	Du point précédent à 14 m. 39 après le profil n° 1833	»	»	»	»	»	0.0017
87	Du point précédent à 10 m. 52 après le profil n° 1847	746.09	»	»	1204.05	»	0.0017
88	Du point précédent à 23 m. 52 après le profil n° 1881	»	111°	»	»	»	0.0017
89	Du point précédent à 51 m. 24 avant le profil n° 1885	165.24	»	99°15'	1430.46	»	0.0017
90	Du point précédent à 8 m. 24 après le profil n° 1914	»	»	»	»	»	0.0012

Du point précédent à 4 m. 13 avant le profil n° 1916	91	110.63	»	»	»	»	0.0013
Du point précédent à 21 m. 87 avant le profil n° 1930	92	1208.74	135°	»	735.26	»	0.0013
Du point précédent à 8 m. 13 avant le profil n° 1959	93	»	155°	»	»	»	0.0013
Du point précédent à 8 m. 13 après le profil n° 1959	94	1548.25	159°45'	»	436.26	»	0.0013
Du point précédent à 19 m. 64 avant le profil n° 1990	95	»	159°45'	153°45'	470.28	»	0.0013
Du point précédent à 9 m. 36 avant le profil n° 2001. (Traversée du chemin de Condom à Gondrin.)	96	699.71	146°	»	593.30	»	0.0013
Du point précédent à 12 m. 35 après le profil n° 2015	97	»	»	»	»	»	0.0013
Du point précédent à 59 m. 65 après le profil n° 2024	98	2775.05	152°	»	418.60	»	0.0013
Du point précédent à 4 m. 30 avant le profil n° 2015	99	»	»	»	»	»	0.0013
Du point précédent à 10 m. 70 avant le profil n° 2063. (Traversée dit chemin de Vic-Fezensac à Condom.)	100	216.02	»	145°30'	600.86	»	0.0013
Du point précédent à 25 m. 27 après le profil n° 2086	101	397.55	128°30'	»	906.53	»	0.0013
Du point précédent à 0 m. 82 avant le profil n° 2097	102	»	»	132°45'	»	»	0.0013
Du point précédent à 26 m. 73 après le profil n° 2104	103	414.64	»	»	887.18	»	0.0013
Du point précédent à 38 m. 27 après le profil n° 2115	104	224.37	150°15'	151°	523.08	»	0.0013
Du point précédent à 31 m. 09 avant le profil n° 2124	105	305.93	150°	»	506.06	»	0.0013
Du point précédent à 1 m. 09 après le profil n° 2137	106	881.57	»	»	410.80	»	0.0013
Du point précédent à 3 m. 46 après le profil n° 2141	107	»	»	121°15'	1602.12	»	0.0013
Du point précédent à 38 m. 56 après le profil n° 2148	108	»	139°45'	»	»	»	0.0006
Du point précédent à 7 m. 53 avant le profil n° 2153	109	347.11	16°15'	168°45'	724.18	»	0.0006
Du point précédent à 0 m. 53 après le profil n° 2164	110	1986.37	174°30'	»	751.16	»	0.0006
Du point précédent à 38 m. 10 après le profil n° 2177	111	»	»	»	188.10	»	0.0006
Du point précédent à 13 m. 10 avant le profil n° 2184	112	1249.78	»	139°30'	103.84	»	0.0005
Du point précédent à 2 m. 06 après le profil n° 2216	114	986.99	166°30'	160°30'	»	»	0.0005
Du point précédent à 25 m. 83 avant le profil n° 2222	115	197.02	»	»	278.78	»	0.0005
Du point précédent à 8 m. 67 avant le profil n° 2235	116	2473.60	»	150°	1281.58	»	0.0005
Du point précédent à 17 m. 70 après le profil n° 2273. (Traversée de la route départementale de Nérac à Mézin.	117-123	495.93	134°45'	160°30'	523.50	»	0.0005
Du point précédent à 19 m. 47 après le profil n° 2298. (Traversée du canal du moulin de Fréchou.)	118-124	582°18	171°	»	697.04	»	0.0015
Du point précédent à 20 m. 68 avant le profil n° 2441	130	774.88	»	»	789.60	»	0.0015
Du point précédent à 61 m. 20 après le profil n° 2446	131	527.92	»	»	157.66	»	0.0015

D'ARCIZAC A LOURDES.							
Totalisation générale de la partie comprise entre Arcizac et Pont-de-Bordes		103319.12	526°30'	469°045'	34635.28	113m60	0.0040
Du profil n° 1 à 17 m. 58 après le profil n° 53	1	3468.58	167°	»	226.84	»	0.0005
Du point précédent à 1 m. 58 avant le profil n° 59 . . . . (Route départementale n° 4, de Bagnères à Lourdes.)	2	272.58	129°	»	818.00	»	0.0011
Du point précédent au profil n° 65. (Route royale n° 21, de Paris à Barèges.)	3-4						0.0011
Totalisation générale de la partie comprise entre Arcizac et Lourdes		3741.16	296°	0.00	1104.84	»	
Résumé des deux parties		107160.28	555°30'	469°015'	35740.12	113m60	

§ IV. — Description générale du tracé par les lieux principaux qui l'avoisinent.

Bassin de l'Echez.

Les diverses nécessités de pentes ou de courbures, analysées dans les deux paragraphes précédents, m'ont conduit en résumé au tracé général suivant entre Lourdes et Pont-de-Bordes.

Le point de départ sur le plateau du Liou (à 402^{m}50 au-dessus de la mer), au sud-est de Lourdes, est établi horizontalement entre les deux routes. Il laisse la ville au nord-ouest et va trancher à 9^{m}24 de profondeur le col d'Anclades situé à 60 m. au nord de la métairie Joanas. Immédiatement après il entre dans la dépression appelée Marais d'Anclades, et arrive au point culminant du plateau, non loin d'Arcizac-ez-Angles, après avoir laissé au midi le hameau d'Anclades, au nord le village de Lézignan.

Bientôt après il passe l'Echez pour le repasser une seconde, puis une troisième fois avant et après Escoubès, qu'il laisse au nord.

Ici le tracé, qui jusque-là avait marché à l'est, se tourne au nord comme le bassin lui-même. Il s'établit sur les plateaux de la rive gauche, reste de l'ancien sol de la vallée, et se dirige vers Tarbes en touchant, à l'est, Orincles, Barry, Benac; en passant au pied de Lanne; en laissant Hybarette à droite, et en traversant pour la dernière fois l'Echez un peu au-dessus de Louey. Là, il gagne le bois de Juillan, touche ce village à son extrémité orientale, y traverse la route royale de Paris à Barèges, et arrive à Tarbes près de la Croix-Sainte-Catherine, extrémité occidentale de cette cité.

Plaine de l'Adour.

De là, à Sauveterre, un seul alignement traversant l'Adour au-dessus d'Artagnan après avoir touché Bazet à l'est, Camalès à l'ouest, et laissé à droite Aurensan, Sarniguet, Marsac, Tostat, Ugnoas, Rabastens, Segalas, Liac, Gensac, Bazillac; à gauche, Bordères, Oursbelille, Andrest, Pujo, Vic, Lafitolle, Maubourguet.

Bassin de l'Arros.

A Sauveterre, il traverse le contre-fort par une tranchée de 11 m., au plus profond; puis il s'établit dans le bassin de l'Arros au pied du coteau occidental, laissant le ruisseau du Lascor à l'est, Ladeveze à l'ouest, et passant au milieu des habitations éparses d'Armentieu.

Bassin du Lys.

De là, il va traverser la rivière entre le coteau de Juillac et la Caze-Dieu; pour s'établir immédiatement après sur le coteau septentrional du bassin du Lys, au sud de Courties et d'Armous, puis passer, au confluent du bassin de Flourès, sur le versant méridional du vallon de Sieurac, s'y développer et arriver au souterrain de Mascaras par une tranchée à ciel ouvert, poussée jusqu'à 16^{m}99 de profondeur.

A la sortie orientale du souterrain pratiqué dans une tranchée profonde de 16^{m}97, le chemin suit le petit vallon de la Menette pour prendre ensuite le plat-fond de la Guiroue, et ne plus le quitter, si ce n'est un instant, à 500 m. avant le moulin de Gracio, où le coteau oriental, qui s'avance dans le bassin, est creusé de 0^{m}56.

Souterrain.
Vallon de la Menette

Dans ce trajet de la Guiroue, le tracé laisse à l'ouest Bassoues, Saint-Flix, Calian, Cazaux-d'Angles, Belmont, Castera, Saint-André de Préneron; et à l'est, Castelnau-d'Angles, Montgaillard, Tudelle, Lamance, Roquebrune.

Bassin de la Guiroue.

Arrivé dans l'Osse, le chemin de fer suit également d'un bout à l'autre le plat-fond de la vallée. Il n'entame les coteaux latéraux qu'en certains points peu élevés, et seulement lorsque cette opération améliore d'une manière notable les alignements du tracé :

Bassin de l'Osse.

Ainsi le plateau de la Salle (rive gauche) est creusé de 3^{m}36;

Celui de Laumet (même rive) l'est également de 2^{m}17;

Le pied du coteau de Beautian (rive droite), de 1^{m}80;

Le pied du coteau vis-à-vis le confluent du ruisseau de la Broquère (rive droite), de 1^{m}25;

Le coteau de Caupenne (passage difficile, signalé dans l'énumération des points principaux), de 11^{m}47;

Le coteau de Tillade (rive droite) qui suit immédiatement, de 14^{m}87;

Le pied du coteau de Labourdasse (rive gauche), de 0^{m}88;

Le pied du coteau situé au nord de Vopillon (rive gauche), de 0^{m}74;

Le pied du coteau de Nitar (rive gauche) vis-à-vis le ruisseau de Lau, de 2^{m}66;

Le pied du coteau du château de l'Osse (rive droite), de 1^{m}38;

Le pied du coteau de l'Estruau (rive gauche), de 1^{m}05;

Le pied du coteau de la métairie d'Eche-Dauzat (rive gauche), de 10^{m}51;

Le pied du coteau situé vis-à-vis le ruisseau de Cassou (rive droite), de 2^{m}32;

Le pied du coteau situé au midi de Piroulet (rive gauche), de 2^{m}31;

Le pied du coteau près Bourdilat (rive droite), de 5^m81 ;

Le pied du coteau situé sur la rive gauche, au chemin de la Grangerie, près le moulin de Moncrabeau, de 7^m27 ;

Le plateau de Menjoulet (rive gauche), de 4^m31 ;

Le plateau de Benquès (rive gauche), de 3^m56.

Dans le trajet de l'Osse, le chemin rencontre Vic-Fezensac qu'il traverse dans son milieu, sur la rive gauche, en un point où il n'existe pas de propriété bâtie. Il passe à 150 m. de Mouchan, qu'il laisse à l'est; à 300 m. de Vopillon, qu'il laisse à l'ouest.

Il laisse également à sa droite, mais sur la hauteur, Marambat, Justian, Roque, L'Arressingle, Poumaro, Pouy, Fréchou; à sa gauche, Mourède, Peyron, Pardies, Gondrin, Beaumont, Cazaux, Timp, Mazeré, Andiran.

Bassin de la Gélise. Sur le plateau de Mesplet, le chemin passe à l'est du hameau de Sainte-Catherine et près du château de Codèroux, pour s'établir ensuite sur le versant oriental du bassin de la Gélise; puis il va déboucher un peu plus loin sur l'extrémité occidentale du plateau de Pont-de-Bordes, où il rencontre la ligne qui viendrait de Bordeaux par les landes, Durance et le Boas.

Enfin il arrive à la Baïse un peu en amont de Pont-de-Bordes, à 21^m28 au-dessus de son étiage, et à 65^m85 au-dessus de la mer.

Bassin de la Garonne. Pour continuer vers la Garonne, le tracé traverserait en ce point la Baïse, tournerait au nord sur la plaine de Lavardac, laissant cette cité à sa gauche et arrivant en face de Vianne sur la rive droite.

De là il gagnerait le pied du coteau, passerait au midi du château de Trinquéléon; puis enfin au pied de Feugarolles ou sur son plateau, selon qu'il faudrait se diriger vers Touars ou vers Agen.

§ V. — Profil en travers du chemin de fer.

Pour terminer la description que j'ai entreprise, il me reste à donner le profil en travers du chemin, ou pour mieux dire, la largeur de la chaussée à son couronnement, de laquelle ensuite tout découle.

Largeur au couronnement de la chaussée. Jusqu'à ce jour, les dimensions le plus fréquemment employées n'ont exigé qu'une largeur de 1^m44 entre les rails et 1^m50 en dehors. En sorte qu'il a suffi, pour deux voies, d'une largeur totale de 7^m50. Mais dans ces derniers temps, la question de rapidité ayant pris une grande importance, on a été conduit à donner aux roues motrices des locomotives un rayon plus grand, afin que le même nombre de coups de piston de la machine, qui est limité dans un temps donné par la force des choses et toujours égal au nombre de tours de la roue, pût produire un développement plus grand en tournant sur une plus grande circonférence.

Alors les essieux se sont trouvés plus élevés au-dessus du sol, et il y aurait eu, par rapport aux oscillations latérales et aux secousses, moins de stabilité dans les véhicules, si l'on n'avait, en même temps, pris soin de leur donner plus de base en écartant les points d'appui, c'est-à-dire en élargissant la voie. D'un autre côté, le mécanisme et les diverses parties des locomotives se trouvent à l'étroit dans la largeur ordinaire. Enfin, il y aurait grand avantage pour la stabilité à pouvoir loger et abaisser entre les roues les caisses des wagons. Pour ces divers motifs, l'espacement entre les rails s'est trouvé porté jusqu'à 2^{m}15.

Cette largeur est peut-être excessive, et assurément il se pourra très-bien que le chemin de fer des Pyrénées ne soit pas tout d'abord disposé dans ces dimensions; mais il est évident qu'une relation internationale comme celle-ci peut prendre un jour une importance majeure; et qu'il y aurait imprévoyance à ne pas se ménager, pour l'avenir, la possibilité de ces dispositions, dès aujourd'hui jugées meilleures. Cette raison m'a décidé à prendre 8 m., pour largeur au couronnement, parce qu'elle peut à la rigueur comporter ces modifications, sans qu'elle s'éloigne beaucoup cependant de la largeur actuelle.

Quant aux talus qui terminent le profil, ils auront, comme toujours, 1^{m}5o de base sur 1 m. de hauteur pour les remblais, et 1 m. de base sur 1 m. de hauteur pour les déblais; les fossés ayant 1^{m}5o en gueule, 0^{m}5o de cuvette et 0^{m}5o de profondeur.

Enfin les autres détails de la voie de fer en elle-même trouveront leur place dans les évaluations qui vont suivre immédiatement.

Talus et fossés.

CHAPITRE III.

ORGANISATION DES TRAVAUX. — COMBINAISONS FINANCIÈRES.

§ III. — Considérations générales.

Mécomptes éprouvés par les compagnies. A qui les attribuer. Depuis quelques années, les mille échos de la presse et du monde retentissent chaque jour des mécomptes éprouvés par les compagnies dans l'exécution des grands travaux publics. Les dépenses quelquefois triplées, les revenus réduits de beaucoup, tout à la fois semble avoir trompé les publiques espérances.

A qui donc reprocher ce mécompte ?.....

Est-ce aux économistes, qui auraient trop préjugé de l'industrie particulière ?.....

Est-ce aux hommes de l'art, qui se seraient montrés inhabiles, imprévoyants ?.....

Des partisans ne manquent pas à chacune de ces opinions. Il en est aussi pour celle qui, aimant mieux diviser la faute entre tous, ne se fie plus autant aux associations, mais demande en même temps plus d'exactitude aux ingénieurs.

Cette croyance de juste-milieu a, peut-être plus que toute autre, chance de prévaloir. Toutefois, pour savoir ce qu'il en faut réellement penser, ou plutôt ce qu'il convient de faire, entrons un peu plus avant dans les éléments de cette intéressante question.

Quatre époques distinctes dans toute grande entreprise. Toute entreprise de ce genre, surtout quand elle est vaste, doit présenter quatre époques distinctes : *la conception, l'avant-projet, le projet, l'exécution.*

Conception. La première voit éclore l'idée commerciale. L'art du constructeur ne peut encore intervenir que bien faiblement ; tout au plus pour faire quelques reconnaissances, quelques nivellements généraux, afin d'apprendre seulement la possibilité absolue, et de pouvoir établir quelques assimilations sommaires qui permettent de décider si la conception vaut la peine qu'on aille plus loin dans l'étude commencée.

Les évaluations sorties de cette première époque ne peuvent mériter aucune confiance. Elles sont si incertaines au milieu du cadre immense où l'on est forcé de les laisser, qu'il y a vraiment folie à se décider sur leur précaire témoignage.

Et pourtant jusqu'à ce jour les compagnies n'ont pas fait autre chose.

L'*avant-projet* est la première intervention sérieuse de l'homme de l'art. C'est de là qu'il doit faire sortir, non pas l'exécution immédiate, mais la décision définitive ; non plus simplement des idées générales, des assimilations qui traînent toujours avec elles un doute immense, mais des notions précises sur les travaux à exécuter, principalement *sur leur étendue*. Et par là j'entends aussi bien la quantité de ces travaux que le temps et le nombre des travailleurs nécessaires. Mais le prix de leurs peines qui, en définitive, donnera l'estimation en argent, celui qui projette ne peut nullement le prévoir avec justesse ; ce prix appartient à ceux qui exécutent, à leurs procédés d'exécution, aux lieux sur lesquels les travaux sont situés.

Avant-projet.

S'il arrive, par exemple, que dans un intérêt commercial, quelquefois d'agiotage, on veuille hâter outre mesure l'exécution des travaux ; s'il faut disputer à tous les autres besoins des ouvriers qui leur sont nécessaires ; s'il faut travailler la nuit aussi bien que le jour, plaçant ainsi l'homme dans la situation la plus fatigante, la moins productive, partant aussi la plus chère : tout cela se peut faire, mais à force d'argent, et la valeur du travail peut ainsi passer facilement du simple au triple, sans que la quantité ait subi la plus légère modification.

Cette quantité est donc la seule évaluation qui doive réellement peser sur la responsabilité de l'homme de l'art, auteur de l'avant-projet.

Et pourtant cette quantité est le seul document peut-être que les compagnies n'aient pas jusqu'à ce jour songé à lui demander.

Un chiffre en argent, voilà tout ce qu'il leur faut. Quant aux éléments essentiels de ce chiffre, qui permettent de distinguer ce qu'il y a de spécial au cas particulier qui les occupe, documents seuls capables véritablement d'instruire ; de cela, elles n'ont aucun souci.

Un chiffre en argent..., et pourvu qu'il soit bien bas, pourvu qu'on puisse sur ce chiffre asseoir la promesse de brillants résultats financiers, les inventeurs de l'affaire tiennent pour constante l'habileté de l'homme de l'art ; ils la prônent même, pour appeler des actionnaires ; et quand on a pu en réunir quelques-uns, pour en chercher d'autres, on procède bien vite aux premiers travaux avec grand luxe, grand bruit, grand apparat, bien chèrement, le plus chèrement possible...

Puis, quand il faut rendre ses comptes, les évaluations premières se trouvent triplées, et alors toute la faute est jetée à l'homme de l'art.

Une faute est la sienne assurément, c'est d'abord d'avoir été complaisant, s'il l'a été, et celle-là est sans excuse.

Puis il y en a une autre pour lui, celle-ci d'imprudence seulement, toutes les fois qu'en donnant ce chiffre en argent, il n'en a pas distingué soigneusement les éléments, pour laisser aux procédés financiers leur responsabilité propre.

Projet.

Le *projet* proprement dit est le commencement de l'exécution; c'est la détermination définitive de toutes les parties, la mise en œuvre des décisions prises. Et pour bien comprendre enfin ce qui le distingue de l'avant-projet, il faut savoir que dans les tracés de voies publiques il est impossible d'arriver du premier coup au parti le meilleur, c'est-à-dire à celui qui coûte le moins pour des avantages égaux. Un tâtonnement est nécessaire avant d'asseoir le dernier tracé, celui qui se marque sur le sol, qui tranche les haies, abat les arbres; celui qui fixe définitivement, précisément, le lieu qui doit être occupé. Ce dernier tracé, c'est le *projet*. Le tâtonnement, c'était l'*avant-projet*. Plus l'ingénieur a été habile, plus il doit avoir approché de l'état définitif, plus les documents recueillis par lui dans ce premier tâtonnement doivent rendre facile la résolution dernière.

Et cependant il ne doit pas se livrer encore aux dispositions coûteuses du tracé définitif; il doit songer qu'il n'y a point jusque-là certitude sur l'utilité de l'entreprise, sur sa *réalisation*.

Exécution.

Quant à l'*exécution*, cette opération dernière qui vient donner corps au projet définitif, elle rencontre souvent des obstacles puissants, mais qui ne proviennent plus des conceptions techniques; ils sont presque toujours le résultat des combinaisons et des ressources financières. Ce sujet est trop intéressant pour ne pas nous occuper quelque peu; mais d'abord, faisons retour sur nous-mêmes, examinons notre avant-projet sous le rapport technique, et après avoir dit ce qui se doit faire, voyons si nous l'avons fait.

La conception du chemin de fer des Pyrénées prit naissance ou du moins publicité en 1837 par un Mémoire que je présentai au conseil général des Hautes-Pyrénées. Celui-ci s'empressa de demander au gouvernement une étude plus circonstanciée, et l'on daigna me confier cette mission pour 1838.

En 1839, je remis un premier travail comprenant des nivellements généraux assez nombreux, assez précis pour établir clairement la possibilité de l'entreprise et l'utilité qu'il y avait à poursuivre l'étude avec plus de détails et d'extension.

En 1840, un second travail est venu, analysant les traversées principales des Pyrénées et les nécessités de nos relations internationales.

Jusque-là on ne voit encore que des notions générales qui se rassemblent, des comparaisons qui s'établissent, l'utilité qui se démontre, la conception en un mot qui se développe et s'éclaire; mais ce n'est pas encore l'avant-projet.

Pour lui il faudra des notions plus précises, des évaluations positives, et pourtant, chose difficile, économiquement recueillies; car rien n'est encore décidé sur l'exécution.

Voilà la tâche qu'il me restait à remplir; voici comment je l'ai remplie :

Les plans cadastraux parcellaires ont été relevés sur toute la ligne. Grâce aux précieux documents du cadastre, cette opération, quoique un peu longue quand elle s'étend à plus de 40 lieues, est cependant facile.

Des profils nombreux en travers des bassins, rattachés aux nivellements en long et reportés sur ces plans par des cotes de hauteur, sont venus donner la topographie circonstanciée des lieux que la première étude avait déjà clairement désignés. A l'aide de ces cotes, le chemin de fer a été tracé sur les plans comme s'ils étaient l'expression mathématique du terrain. Puis des nivellements détaillés en long et en travers, placés à la distance moyenne de 56 m., sont venus enfin. Ils ont donné tous les points de la trace déterminée d'avance dans le cabinet; en les cherchant non par des alignements jalonnés à travers arbres et bordures, comme le devra faire le projet définitif, mais le plan à la main, par de simples distances, mesurées sur le terrain après avoir été prises à l'échelle, et fixant ainsi très-approximativement le lieu de passage sur chaque propriété.

Par ce procédé, il n'a fallu rien trancher, rien abattre; aucun dégât n'a été causé, et pourtant la trace ainsi nivelée est bien le lieu réel du

Ce qui a été fait pour le chemin de fer des Pyrénées.

chemin de fer, sauf les erreurs du plan, et quelques modifications légères que cette première étude aura signalées. Le projet définitif pourra les réaliser, et ce sera alors une diminution inévitable sur les évaluations de l'ancien projet; bien différent en cela de ces explorations sommaires, où une ligne continue n'étant pas réellement suivie par l'homme de l'art, celui-ci peut aisément se laisser aller à l'espérance de vaincre facilement toutes les difficultés des divers points, parce qu'il ne les voit qu'isolées, indépendantes les unes des autres, et qu'il ne peut alors apercevoir ce qu'elles ont d'inexorable dans leur connexité.

Quant aux dépenses nécessaires pour procéder comme je le conseille, comme je l'ai fait, je vais prouver bientôt, en les citant, si elles sont modérées.

Ces études préliminaires auront eu pour résultat l'exploration circonstanciée, les nivellements détaillés et précis de toute la région comprise entre l'Ebre et la Garonne, qui embrasse une immense chaîne de montagnes. Pourtant, elles auront à peine coûté, pour toute dépense, la somme de 22,000 fr., et occupé seulement un ingénieur avec deux conducteurs.

Ce rapprochement est déjà, si je ne m'abuse, un excellent argument en faveur du mode que j'ai suivi; et encore je pourrais ajouter que tous ces plans cadastraux resteront pour le projet définitif et se trouveront ainsi doublement utilisés.

Voilà pour les opérations géodésiques.

Principes généraux qui ont présidé aux évaluations.

Deux époques.

Quant à la pensée générale qui, dans les évaluations, a présidé à l'organisation des travaux, je l'ai déjà exprimée ailleurs, je vais la redire ici :

« Dans l'établissement des chemins de fer, il faut distinguer soigneusement deux époques différentes : la construction première, qui précède l'exploitation du chemin; l'exploitation, pendant laquelle s'opèrent les travaux de perfectionnement, d'entretien et de grosse réparation.

« Les ouvrages de cette dernière époque trouvent ordinairement dans le chemin de fer lui-même, un puissant auxiliaire à l'aide duquel on peut faire venir de loin et à peu de frais les matériaux qu'ils exigent. On doit donc alors satisfaire beaucoup plus aisément à toutes les conditions de durée; et il est important de le faire, non-seulement à cause de l'économie ultérieure, mais encore, pour tomber moins souvent dans les embarras que les réparations causent toujours au mouvement des transports.

« Dans la première époque, il en est bien autrement. Les matériaux doivent être transportés à grands frais, et souvent en des lieux où il n'existe même pas de chemins ordinaires.

« Ajoutons qu'alors aussi la main-d'œuvre devient plus chère par la masse d'ouvrages qui s'exécute dans le même instant sur toute la ligne.

« Il est donc convenable, à tous égards, de réduire ces premiers travaux au plus strict nécessaire, c'est-à-dire, à ce qu'il faut tout juste pour établir la communication générale.

« Ainsi, il vaudra mieux d'abord se contenter d'ouvrir une seule des deux voies et se servir dans toutes les parties de sa construction, des matériaux qu'on aura sous la main, au risque de ne faire que du provisoire destiné à une courte durée. Cette durée sera toujours assez prolongée pour permettre le transport très-économique des matériaux nécessaires à l'état définitif. Par cette manière d'agir, non-seulement on aura gagné les sommes souvent énormes épargnées sur les frais du transport et sur la valeur de la main-d'œuvre; mais, en outre, on aura procuré beaucoup plus promptement au pays la jouissance de tous les bénéfices directs ou indirects qui sont la conséquence nécessaire d'un tel moyen de transport.

Première : établissement d'une voie avec ses gares d'évitement. Deuxième : complément de la seconde voie.

« Si les compagnies qui ont exécuté des chemins de fer avaient mis en pratique ces sages maximes, elles ne seraient pas probablement tombées dans les exagérations de dépenses dont elles se plaignent si fort aujourd'hui, et qu'elles ne doivent imputer, pour la plupart, qu'à leur gestion inconsidérée.

« L'État, de son côté, ne pourrait-il pas trouver dans cette manière de procéder le meilleur système pour arriver, le plus promptement possible, à la création de ces grandes voies indispensables à sa prospérité, et dont l'industrie particulière ne saurait consentir à se charger *à priori?* Qu'il se borne à établir cet état provisoire de la première voie; qu'il livre ainsi le chemin à l'industrie particulière en lui imposant l'obligation de le compléter; et les principales difficultés de la question auront peut-être disparu.

« L'État, débarrassé de la majeure partie des dépenses, notamment de l'établissement du matériel et des soins journaliers de l'exploitation, auxquels il semble si peu propre; et l'industrie particulière, de son

Concours simultané de l'État, des localités et des compagnies.

côté, réalisant des produits le jour même de ses premières dépenses, condition la plus favorable à son intervention; n'est-ce pas là une excellente combinaison, peut-être la meilleure, pour mettre à profit toutes les forces sociales et échapper à tous les inconvénients?

« Si je ne me fais illusion, ce système mixte aurait une grande puissance; et il se pourrait qu'il renfermât l'avenir de nos grandes voies de communication. »

Cette manière de voir a fait, sans doute, un véritable progrès, puisque le gouvernement paraît vouloir entrer résolument dans une voie qui doit prochainement la mettre à l'épreuve.

Il a proposé aux Chambres des projets de loi ayant pour objet l'exécution de quelques lignes importantes, en ne mettant à la charge des compagnies que l'établissement des rails, du matériel et des bâtiments de l'exploitation, laissant au trésor général, concurremment avec les ressources locales, la construction de l'assiette du chemin.

C'est bien là l'essentiel de ma pensée; car l'État, pour moi, c'était précisément la réunion de ces deux intérêts.

Pour en donner la preuve et développer complétement cette question, il me sera permis de citer ce que j'exposais dans les premiers jours de 1839 aux habitants des lieux traversés par le chemin de fer des Pyrénées :

Je disais, en 1837, au conseil-général des Hautes-Pyrénées : « L'ex-« trême éparpillement des capitaux superflus, la disposition à la pru-« dence où les tient cette division, sont un obstacle puissant à leur « réunion. D'un autre côté, le médiocre intérêt que chacun est « condamné à porter aux opérations progressives n'est pas fait pour « développer cette spontanéité de concours, cet empressement, sans « lesquels il sera bien difficile de rassembler des capitaux ayant quel-« que importance. Je crois la France condamnée pour longtemps à « ne faire de *grandes choses* qu'au moyen de la *grande association*, « qui n'est pas, elle, forcée d'attendre ses moyens d'action de la « spontanéité de tous. Et par là, je n'entends pas dire que le gou-« vernement doit tout faire lui-même; je crois seulement que le « trésor de l'État doit prêter partout au progrès un secours qui le « rende possible. »

Et plus loin j'ajoutais : « J'abuserais de vos moments si j'exposais
« ici mes opinions sur la manière dont l'État doit intervenir dans ces
« grandes entreprises ; d'autres occasions se présenteront à moi pour
« le faire. Quel que soit, à cet égard, le parti adopté, le principe de
« protection est posé ; il est appuyé sur des raisons de l'ordre le plus
« élevé : *Il triomphe définitivement*, et ce triomphe assure l'avenir de
« toutes les parties de la France. »

« Quelques mois plus tard, ces paroles, fondées sur les faits de la
session législative qui venait de se clore, semblaient recevoir un
démenti complet dans les délibérations de la session suivante. De son
côté, l'esprit d'association, loin d'avouer sa faiblesse, annonçait, au
contraire, par des souscriptions prodigieuses, qu'il était prêt à tout
entreprendre.

« Un instant j'ai eu foi dans ces apparences ; un instant j'ai pu
croire que les bienfaits de la paix avaient, à mon insu, porté ces fruits
précoces et gigantesques. Mais en regardant au fond des choses, il
était impossible de n'en pas apercevoir le vide. Pour attribuer à tant
de bruit son caractère véritable, que fallait-il?... Observer cette foule
d'actionnaires, chercher le mobile qui les animait; et s'il arrivait qu'on
n'en découvrît pas un seul ayant foi dans le résultat définitif de l'entreprise; si tous, tous sans aucune exception, plaçaient leur confiance
dans la vente de leurs actions au premier moment favorable, alors
cet immense fracas n'était plus qu'un jeu immoral, où les fripons
eux-mêmes étaient condamnés à devenir dupes. Il eût fallu croire aux
miracles, si d'une partie où chacun ne mettait pour enjeu que de la
fausse monnaie, chacun eût pu retirer de la monnaie de bon aloi.

« Aussi, qu'est-il advenu? Dès qu'il a fallu compter, sérieusement
compter avec l'exécution effective, tout cet échafaudage de combinaisons financières s'est écroulé. Chacun mis à découvert a vainement
cherché autour de lui les dupes sur lesquelles il avait compté; et au
moment décisif, il s'est trouvé seul, seul en face de ses engagements.
Alors une terreur panique s'est emparée de tous; et la foule, courant
d'un excès à l'autre, a passé de l'engouement le plus extravagant au
découragement le plus complet.

« Aucune entreprise n'a été épargnée dans ce décri général. Celle
même qui, au présent le mieux assis, joignait un avenir brillant, celle
qui, récemment encore, semblait, par un luxe inouï dans ses premières dispositions, afficher toute l'étendue de ses espérances, le chemin

du Havre a vu ses actions descendre promptement au-dessous du pair;
et nul ne peut dire encore si elles ont touché le fond (1).

« Elles sont donc, elles aussi, impuissantes à créer seules nos grandes
communications, ces associations spontanées, au nom desquelles naguère on repoussait les efforts que le gouvernement voulait y consa-
crer. Elles étaient cependant, au dire de leurs prôneurs, les plus capables, les seules capables!...

« Serait-il donc vrai que l'impuissance de notre pays fût telle, que
nous dussions nous résigner à demeurer stationnaires, alors que les
peuples qui nous entourent ne s'arrêtent pas? Sommes-nous condamnés à être spectateurs stériles de leurs progrès? et ne trouverons-nous,
dans notre belle France, aucune force qui nous permette de concourir
avec eux?

« Pour moi, je bénis le ciel de m'avoir fait assister à un spectacle
capable de consoler un peu des mécomptes de la capitale. Pendant
que Paris se complaisait dans ses grandes et vaines associations, un
pays lointain, plus modeste dans ses moyens d'action, ouvrait cependant à sa prospérité des voies nombreuses et fécondes. Dans cette
France, qu'on voudrait nous faire si impuissante, il existe quelque force
vitale, puisqu'un département, petit en territoire, pauvre en capitaux,
peut se créer en quelques années plus de 200 lieues de voies nouvelles; et cela, sans recourir au crédit, sans charger son avenir.

« La loi récente sur les chemins vicinaux, voilà son unique instrument; ses populations intelligentes, nombreuses, voilà ses capitaux;
et, à l'heure qu'il est, les ressources d'une seule année sagement, sérieusement employées, ont presque suffi à l'ouverture de 80 lieues.

« Ce fait, qui sera bientôt suivi de faits plus remarquables encore,
ne trahit-il pas un élément de force incontestable, un élément précieux qu'on serait coupable de *mettre en oubli*?

« Et je me sers à dessein de cette expression. Ne faudrait-il pas, en
effet, être sans mémoire pour n'avoir plus le souvenir des immenses
travaux que nos pères ont su créer? Et alors il n'y avait ni centralité
fortement organisée, ni assurément associations spontanées. L'appel
aux bras des populations suffisait pour ainsi dire à tout.

« Loin de moi la pensée de préconiser les anciennes corvées avec

---

(1) Depuis lors la compagnie s'est dissoute, après résiliation consentie par l'État.

leur cortége de vassalité, l'inégalité, d'arbitraire. C'étaient là des abus inhérents aux institutions de cette époque. Ils ont, grâces, au Ciel, péri avec elles; mais il est permis de ne pas oublier qu'à travers ces abus on voulait atteindre un but raisonnable, obtenir un résultat important; l'utilisation des loisirs des populations, l'emploi aux travaux d'utilité publique du temps perdu pour les travaux individuels; et, aussi longtemps qu'il existera des loisirs, aussi longtemps que tous les moments ne se trouveront pas sérieusement, lucrativement occupés par les affaires particulières, l'application à la chose publique de ces instants inoccupés sera essentiellement morale, utile, capable d'importants résultats.

« Et, je le demande, sommes-nous arrivés à ce point de développement pratique, que chaque individu ait constamment, chaque jour, l'emploi lucratif de ses bras? Pour résoudre cette question, ne suffira-t-il pas de rappeler ce fait remarquable, que la France possède une population rurale presque double, à territoire égal, de celle qui suffit à la culture de la Grande-Bretagne?

« Sans doute la société française a acquis de nouveaux moyens d'action : son gouvernement peut trouver aujourd'hui dans sa centralité une puissance de création ignorée de nos pères; les progrès de nos institutions, de notre industrie, ont créé faible encore, mais viable, l'*esprit d'association*, qu'il faut toutefois se garder de confondre avec l'*esprit d'agiotage*, qui malheureusement a marché, lui, bien plus promptement. Ces forces nouvelles, qui songe à les nier? Mais aussi, pourquoi méconnaître ce qu'il reste encore de puissance à l'instrument qui avait si longtemps suffi presque seul à faire tant et de si grandes choses?

« Peut-être que là où le gouvernement est taxé d'impuissance, là où l'industrie particulière vient de prouver qu'elle ne pouvait encore rien seule, là où la réunion même de ces deux forces peut paraître au-dessous de la tâche, là peut-être le secours du troisième élément viendra rendre tout possible.

« Cette pensée me préoccupe depuis longtemps; mais elle est au nombre de celles qu'on ne doit produire qu'avec circonspection. Emise sous l'empire des souvenirs fâcheux laissés par l'ancienne corvée, proclamée à la face du préjugé, et sans arme pour le combattre, qu'eût-elle rencontré? Probablement une incrédulité générale sur les secours qu'on y pouvait puiser; peut-être une aversion politique qu'il eût été presque impossible de combattre; peut-être encore, et c'était là le plus grand danger, le ridicule, qui tue en France tout ce qu'il attaque.

« Pour échapper à tous ces écueils, il fallait laisser la question mûrir d'elle-même; il fallait qu'une pratique nouvelle vînt apprendre aux populations qu'il y avait un départ à faire entre les abus de l'ancienne corvée et les services qu'elle pouvait rendre; il fallait, en un mot, laisser à la nécessité, à la nécessité irrésistible, le soin de faire, sur ce point, l'éducation publique.

« La loi de 1824, sur les chemins vicinaux, commença cette œuvre. Le plus grand service qu'elle ait rendu, peut-être le seul, a été de rétablir dans nos institutions la prestation en nature. Ce n'est pas qu'elle l'ait utilement organisée; non, assurément. Il est arrivé, ce qui était inévitable, que pour la faire reparaître en présence d'hostiles souvenirs, il a fallu d'abord l'entourer de précautions et de ménagements tels, que ses moyens d'action en ont été complétement paralysés. Mais qu'importe? la mission de cette loi n'était qu'une transition ; et, cette transition, la loi de 1836 est venue la clore.

« A cette dernière époque, la prestation en nature a trouvé encore des adversaires. Ils l'ont attaquée avec la même vivacité qu'ils eussent déployée contre l'ancienne corvée; ils ne voulaient pas voir que, dégagée de ses antiques abus et sagement organisée, elle n'est plus qu'une simple utilisation des moments perdus, et remplace une contribution en argent, qui, elle, représente toujours la valeur d'un temps lucrativement occupé. L'emploi de la prestation en nature peut donc être pour la société une véritable économie, et les législateurs, en l'introduisant définitivement, efficacement, dans notre nouveau code de la voirie, ont sagement apprécié son importance et bien mérité du pays. Désormais les précautions sont prises pour qu'elle ne reste pas une lettre morte, et tout pays qui voudra sérieusement s'en servir y puisera des ressources importantes.

« Ici, je me hâte de dire qu'il n'entre pas dans ma pensée d'en faire l'application à la construction complète d'un chemin de fer. Il est des parties, je les dirai bientôt, contre lesquelles cette loi serait impuissante. Mais l'assiette proprement dite, mais l'acquisition et la préparation du sol sur lequel doit s'établir la voie de fer, qu'ont-elles de redoutable, si l'on en excepte quelques grands ouvrages, existant à la vérité dans presque toutes les lignes un peu étendues, mais qui sont, néanmoins, des points exceptionnels dans chacune d'elles?... Il faut des expropriations, des terrassements, des ponts?... Tout cela se rencontre également dans les chemins vicinaux; cependant la loi de 1836 peut facilement y suffire, toutes les fois qu'on ne lui demande pas d'entrer dans les travaux gigantesques, tels que souterrains, grands ponts, grands terrassements; et dans le tracé des lignes *naturelles*, qu'on me passe l'expression, quand on ne recherchera pas le merveilleux, et qu'on se donnera quelques soins pour vaincre les difficultés topographiques, il sera plus facile qu'on ne pense d'éviter ces grands ouvrages.

« Viennent ensuite l'établissement des voies de fer, les bâtiments et le matériel de l'exploitation. Ici l'impuissance de l'action locale me paraît incontestable, et il est clair qu'il faut s'adresser ou à l'État ou à l'industrie particulière ou aux deux ensemble.

« Quant à l'État, on lui conteste, peut-être avec quelque raison, son aptitude à présider, soit à l'exploitation, soit à l'établissement du matériel. D'un autre côté cette charge, si elle n'était partagée, se trouverait encore, dans la plupart des cas, trop forte pour l'industrie particulière; car pour elle on ne doit pas le perdre de vue, il faut que les produits suivent de très-près les dépenses, et comme le bénéfice d'un chemin de fer ne peut raisonnablement s'espérer qu'après un certain développement des habitudes nouvelles, ce serait, encore une fois, se bercer d'illusions, que de croire les associations particulières capables en général d'accomplir cette tâche, toute réduite qu'elle serait à la portion que je viens d'indiquer.

« D'ailleurs, n'oublions pas que c'est des populations elles-mêmes que j'attends la préparation du sol; et l'intérêt de l'économie exigera souvent que les transports de terre soient faits avec une voie de fer préparatoire. Il y aura donc contact inévitable avec les populations, et il serait, à mon sens, bien difficile de l'organiser d'une façon convenable, si ce contact devait s'établir avec des compagnies particulières.

« Les motifs divers que je viens d'exposer me semblent conduire naturellement à faire construire par l'État la première voie de fer.

« Pour lui, nulle difficulté dans cette transition, dans ce mélange de la loi de 1836 avec l'emploi des fonds du trésor public par l'administration générale, surtout lorsque les mêmes agents se trouveront en possession de diriger l'une et l'autre de ces ressources.

« Quant au reste de l'œuvre, rien n'empêche plus alors l'industrie particulière de s'en charger. On remet en ses mains un instrument qui peut fonctionner immédiatement. Les produits devancent donc, pour ainsi dire, les dépenses; et, quant à la deuxième voie de fer, on peut attendre, pour l'établir, le moment où un développement plus grand aura été créé par la première voie.

« Ainsi, pour résumer mes idées, je voudrais que l'assiette du chemin fût établie comme un chemin vicinal de grande communication, et qu'on n'en exceptât que les travaux extraordinaires, tels que grands terrassements, grands ponts, souterrains, etc. ;

« Je voudrais que ces ouvrages exceptionnels et la première voie de fer fussent construits par l'État;

« Je voudrais enfin que le chemin ainsi établi fût livré à l'industrie particulière, à qui l'on demanderait pour prix de la concession et du péage la création du matériel et des bâtiments de l'exploitation, ainsi que la construction de la deuxième voie de fer.

« Dans ce système, le développement des affaires payerait le développement et l'entretien de la voie;

L'État prendrait à sa charge des travaux que nul autre n'est en situation d'entreprendre avec le même avantage;

« Le département traversé contribuerait à l'assiette première comme à un chemin de grande communication;

« La commune voisine du chemin de fer, plus immédiatement desservie, fournirait sa contribution locale qui répondrait à son intérêt spécial.

« Je ne sais si je m'abuse, mais il me semble que dans cette répartition des charges et des avantages il y a une équité parfaite.

« Dans cet appel à toutes les forces sociales, à toutes les spontanéités, il y a un principe de succès que je ne retrouve au même degré dans aucun autre système ; et, toutes les fois que des circonstances exceptionnelles ne viendront pas apporter un obstacle insurmontable à l'emploi cumulé de ces forces, je ne sais comment il sera possible de ne pas réussir.»

J'écrivais ces lignes dans les premiers jours de 1839. Alors ma confiance était grande dans la puissance de la loi vicinale. Je la jugeais par les résultats obtenus sous mes yeux, mais je ne l'avais pas encore vue aux prises avec les intrigues politiques. A quelques jours de là venait une dissolution de la Chambre des députés pour une vive lutte dans laquelle je n'étais pas candidat de l'administration. Mes adversaires, cette fois, cherchèrent sans scrupule à tourner contre moi les déplaisirs individuels qu'avait pu amener une exécution de 'la loi vicinale sérieusement tentée. Je vis alors que je ne pouvais plus compter sur l'appui sincère de ceux qu'elle me donnait pour intermédiaires obligés; je vis qu'elle allait devenir un instrument politique; je vis clairement enfin que je ne'pourrais plus marcher vers le but qui seul m'avait fait accepter cette difficile tâche, et je résolus aussitôt, quoiqué bien à regret, de me séparer de mon œuvre. Je ne gardai plus ma mission que juste le temps nécessaire pour la compromettre le . moins possible en la remettant dans les mains qui me l'avaient confiée.

Il y avait déjà 80 lieues qui venaient de s'ouvrir, et je n'ai pas ouï dire que depuis lors il s'y en soit joint quelqu'une. Voilà pourtant bientôt trois ans d'écoulés.

Faut-il en conclure que j'avais trop présumé de la puissance de cette nouvelle législation? Je ne le crois pas. Seulement, il faut reconnaître qu'il lui manque une chose; c'est d'être sous la sauvegarde sérieuse, active, d'une autorité qui par sa position centrale, élevée, puisse la soustraire aux passions locales de la politique. Aussi longtemps que ce complément lui manquera, je la tiendrai pour paralysée, et je me résignerai à me passer d'elle dans la construction des grandes voies de communication.

Mais je garderai le reste de ma pensée; je continuerai à appeler de toutes mes forces le concours simultané de l'intérêt général, de l'intérêt local et de l'intérêt individuel.

C'est bien aussi la volonté du gouvernement, lorsqu'il demande aux départements de fournir les terrains. Je m'associe de conviction à cette utile combinaison; j'y voudrais cependant deux modifications :

Je voudrais que, parmi toutes les communes traversées, celles qui auraient l'immense avantage de posséder une station voisine du clocher, fussent tenues de fournir le sol sur leur territoire; j'y trouverais le double avantage d'établir ainsi un équitable sacrifice, et de fixer par ces estimations purement communales, presque individuelles, un tarif raisonnable pour le reste des expropriations. Car, je le crains sérieusement, averti par l'expérience, le département risque de ne pas être mieux traité que l'État et les compagnies. La commune est le seul être collectif en situation de se faire ménager chez lui.

Je voudrais aussi, je l'ai déjà dit, que l'État en construisant l'assiette de la voie, ne se mît pas tout d'abord à élever à grands frais des travaux, d'art définitifs. Des ouvrages provisoires suffiraient dans beaucoup de cas pour décider les compagnies en assurant leur avenir; et, au pis aller, si l'État devait lui-même construire définitivement les travaux, il trouverait un grand avantage à ne le faire que plus tard, avec moins de hâte, dès lors à meilleur prix; surtout en se réservant l'usage de la voie ouverte, pour le transport des matériaux nécessaires.

Je voudrais enfin que l'État ne fît que les terrassements indispensables à l'ouverture de la première voie, et qu'il laissât aux compagnies le soin de les achever, toutes les fois du moins que l'établissement des deux voies ne serait pas simultané.

Lorsqu'il s'agissait tout à l'heure des travaux d'art définitifs, je n'ai pas insisté pour les imposer aux compagnies, parce qu'il y a ici une importante question de durée, presque d'éternité. Celui qui n'est possesseur de la voie que pour un temps ne doit se préoccuper que d'une chose, c'est que tout dure autant que sa possession. Des conditions de solidité peuvent être sans doute stipulées, mais il est trop difficile d'en bien assurer l'exécution, parce que la fraude cachée est ici inévitable, et qu'il n'est guère possible ni de la reconnaître complétement, ni de l'empêcher. Si donc l'État doit se charger, lui, de quelque chose, c'est précisément de ces travaux destinés à une durée perpétuelle, et qui l'obtiendront difficilement de ceux qui n'en doivent pas profiter.

Je sais bien qu'il est ici pour lui un écueil, c'est le goût monumental, qui se développe naturellement chez les hommes de l'art à qui l'on n'impose pas l'économie pour première condition. Mais ce n'est là qu'un abus facile à détruire même par le gouvernement quand il le voudra bien; tandis que les vices cachés dans les constructions seront inévitables et sans remèdes s'il s'en repose sur ceux qui, en fin de compte, n'ayant pas à s'inquiéter de l'avenir, profiteront cependant de toutes les économies, bonnes ou mauvaises, réalisées sur le présent.

Mais dans les terrassements, rien de pareil. Quand ils sont faits ils sont bien faits, et aucun vice caché n'est possible. Ceux que l'on imposera aux compagnies seront parfaits dès que l'on aura constaté qu'ils sont faits; et alors ils seront perpétuels, quel que soit le système employé pour les faire.

D'un autre côté, elles seront en très-bonne situation pour faire servir la voie ouverte à la terminaison des terrassements; tandis que si l'État les prend à sa charge, il est condamné à renoncer à ce puissant et économique instrument; il n'y a pas possibilité qu'il se réserve une faculté pareille sur un chemin de fer dont il n'aura pas en main l'exploitation. L'exploitant est seul en situation de s'en servir pour un tel usage.

Ainsi il faudrait selon moi aux départements et à quelques communes le sol tout entier, ou du moins la majeure partie.

A l'État les terrassements indispensables à la première ouverture du chemin, ainsi que les travaux d'art, et peut-être aussi la première voie de fer dans les lignes les moins recherchées par les compagnies.

A l'intérêt individuel tout le reste, avec garantie par l'État toutes les fois qu'elle serait indispensable pour décider la formation des compagnies.

Je termine là ces réflexions générales, et j'entre dans l'évaluation des travaux.

§ II. — Évaluations des travaux, en quantités de chaque espèce d'ouvrage.

C'est une œuvre bien compliquée que l'évaluation de tous les ouvrages nécessaires à l'établissement d'une longue voie de fer, si l'on en juge par le nombre des travaux, par cette variété infinie qui semble établir entre eux, toujours par quelque point, une différence essentielle. Heureusement ici, comme il arrive à peu près partout, en regardant bien au fond des choses, on voit toute cette complication disparaître pour faire place à un petit nombre d'opérations simples se répétant et se combinant à l'infini sans doute, mais toujours les mêmes, toujours identiques dans les circonstances fondamentales, et dont l'évaluation en définitive n'est autre chose que le nombre de ces répétitions.

Considérations générales.

Evaluer un ouvrage d'ensemble, c'est donc tout simplement faire passer successivement sous ses yeux les ouvrages partiels, les décomposer dans le petit nombre de catégories nécessaires, classer chaque portion, puis totaliser par classe.

Nous ne ferons pas autre chose nous-même.

Et d'abord distinguons deux grandes divisions: l'assiette sur laquelle doit reposer la voie de fer; la voie elle-même avec tous ses accessoires d'exploitation;

La première se divisant en sol occupé, terrassements, travaux d'art;

La deuxième présentant distinctement la voie de fer proprement dite, les bâtiments avec leurs dépendances nécessaires à l'exploitation, le matériel des transports.

Puis chacune de ces divisions se subdivisant elle-même comme je vais le montrer successivement.

Mais avant tout je rappelle, conformément aux principes généraux exposés dans le paragraphe précédent, que la construction complète du chemin de fer avec ses deux voies devra se diviser en deux époques : la première procédant seulement à la prise de possession de tout le sol, ainsi qu'à tous travaux et dépenses strictement nécessaires pour établir la communication sur une seule voie, avec gares d'évitement; la dernière complétant la deuxième voie, substituant des ponts définitifs aux passages provisoires, et se servant de la voie établie pour transporter les matériaux dans tous les sens.

Nous aurons soin de distinguer les évaluations afférentes à chacune de ces deux époques, surtout pour la partie principale comprise entre Arcizac et Pont-de-Bordes. Quant à la portion située entre Arcizac et Lourdes, qui n'a que 4,969 m. de longueur, et forme la tête du chemin, comme elle est le lieu d'assemblage des nombreuses exploitations de roches dont j'ai donné plus haut l'énumération, je supposerai que dès l'origine les deux voies y sont complétement établies. Ce n'est là qu'une exception spéciale et motivée, qui ne détruit pas le principe général de la division en deux époques distinctes.

Sol occupé.   Le sol occupé doit se classer suivant sa valeur, et en faisant l'analyse des prix on trouve à distinguer les sept cas suivants :

1° Sol de convenance.

2° Prairies de première qualité.

3° Prairies de deuxième qualité.

4° Champs de première qualité et vergers.

5° Champs de deuxième qualité et bois.

6° Vignes.

7° Landes, pâturages, etc.

Les propriétés bâties n'y figurent pas, parce que dans le tracé provisoire on les a tout à fait évitées.

La superficie attenante à chaque profil, rigoureusement calculée (1), a été classée dans une des sept catégories, ou même dans plusieurs, au

---

(1) Voir les cahiers A_1 A_2 A_3 A_4 A'_1.

vu du terrain, du plan et des documents cadastraux. Il en est résulté la distribution suivante de la totalité du terrain occupé.

D'Arcizac à Pont-de-Bordes.

1° Sol de convenance	1 h.	44 a.	63 c.
2° Prairies de première qualité.	25	14	18
3° Prairies de deuxième qualité.	176	38	50
4° Champs de première qualité et vergers. . .	54	10	89
5° Champs de deuxième qualité et bois. . .	81	39	61
6° Vignes.	6	26	31
7° Landes et pâturage, etc.	5	28	51

D'Arcizac à Lourdes.

1° Sol de convenance	»	»	»
2° Prairies de première qualité.	1	14	73
3° Prairies de deuxième qualité.	»	»	»
4° Champs de première qualité et vergers. .	5	66	00
5° Champs de deuxième qualité et bois. . .	»	»	»
6° Vignes	»	»	»
7° Landes et pâturages, etc.	0	13	00

S'il s'agissait de dresser le projet définitif, on suivrait un procédé analogue; seulement il faudrait de plus attribuer à chaque parcelle sa contenance expropriée; document nécessaire pour asseoir chaque indemnité particulière.

Le prix total de la superficie occupée doit figurer dans la première époque; car c'est tout d'abord qu'il faut acquérir les terrains, ceux même qui sont inutiles pour le moment. Plus tard on les payerait beaucoup plus cher. Et puis d'ailleurs ne faut-il pas avoir pleine liberté de poursuivre le complément de la deuxième voie à toute époque, à tout moment?

Les terrassements donnent lieu à trois espèces d'ouvrages :

1° La fouille ;

2° Le transport ;

3° Le régalage et pilonnage.

Terrassements.

La fouille occasionne plus ou moins de travail selon la nature du sol fouillé; et comme dans un avant-projet les notions à cet égard ne peuvent pas être très-profondes, il faut nécessairement s'en tenir à quelques classements généraux mis le plus en harmonie avec la nature des choses.

Et d'abord on peut distinguer la fouille suivant la profondeur où l'on va l'effectuer.

Pour beaucoup de terrains on a des données nombreuses et positives jusqu'à 2 m. de profondeur. C'est la partie la plus fréquemment fouillée. Lorsqu'on fait des emprunts de terre quelque part, on les pousse rarement au delà, parce que le travail deviendrait plus cher que la superficie ainsi épargnée, et qu'on s'y trouverait souvent exposé à l'invasion des eaux souterraines. Il est donc naturel de faire de cette profondeur une catégorie spéciale, qui sera certainement la plus importante, car elle se rencontrera toujours, et la première. Mais elle-même pourra varier d'une manière notable dans trois cas généraux : le plat-fond des vallées graveleuses, celui des vallées argileuses, et les coteaux ou parties élevées des plaines.

Le premier cas donne ordinairement pour variétés successives la terre végétale légère, la terre franche, la terre dure mêlée de cailloux.

Le deuxième cas fournit la terre végétale argileuse, la terre franche et la glaise.

Enfin le troisième donne la terre végétale argileuse, la terre franche et le tuf argileux.

On pourrait assurément introduire encore beaucoup d'autres subdivisions, surtout si l'on tenait à sa disposition des sondages nombreux; mais cette ressource doit nécessairement manquer dans un avant-projet. Heureusement il est à peu près suffisant de s'en tenir, pour cette première évaluation, aux trois subdivisions générales que nous venons d'établir.

Au-dessous de cette première couche de 2 m., on pourrait, peut-être sans grand inconvénient, tout confondre dans une seule catégorie, qui comprendrait alors tout le reste de la fouille. Mais il est plus satisfaisant de distinguer une deuxième couche, encore de 2 m. de profondeur, qui se composera très-fréquemment en totalité de tuf argileux dur.

Alors on aura une troisième couche renfermant tout le surplus des fouilles, composée à peu près toujours de tuf très-dur ou même de pierre à bâtir.

Cette dernière rencontre semble tout d'abord devoir faire beaucoup varier la valeur de cette fouille; mais dans ce cas l'utilité de la pierre extraite payant souvent une grande partie de l'extraction, on peut y voir une compensation suffisante pour qu'il reste peu de chances d'erreur à ne supposer dans cette couche que du tuf très-dur.

Telles sont les distinctions qui ont présidé au classement des fouilles. Le déblai occasionné par chaque profil a été subdivisé de la sorte (1); et la totalité des fouilles s'est distribuée de la manière suivante :

D'Arcizac à Pont-de-Bordes.

	1re Époque.	2me Époque.	Total.
Première couche. — Plats-fonds graveleux	307,663^m	153,832^m	461,495^m
Première couche. — Idem, argileux.	1,392,912	696,456	2,089,368
Première couche. — Coteaux et hauts-fonds.	913,752	122,214	1,035,966
Deuxième couche	586,430	79,968	666,398
Troisième couche	932,437	127,151	1,059,588

D'Arcizac à Lourdes.

Première couche. — Plats-fonds graveleux. . . .	28,049^m	87
Première couche. — Plats-fonds argileux	»	
Première couche. — Coteaux et hauts-fonds . . .	46,731	34
Deuxième couche.	16,900	53
Troisième couche.	9,958	50

Le transport le plus simple, c'est le jet de pelle. Il ne s'étend qu'à 1^{m}60 verticalement, ou à 4 m. horizontalement, lorsqu'il est assujetti ; tandis que sans sujétion il peut atteindre à 2 m. verticalement et à 6 m. de niveau.

Transport des déblais.
Jet de pelle.

(1) Voir les cahiers A, A, A, A, A'.

Là, une seule opération, qui se répète régulièrement comme le cube jeté.

L'expérience prouve que lorsque le transport des terres exige plus d'un jet de pelle horizontalement, ou se fait sur une inclinaison dont la rapidité n'est pas grande, il faut abandonner la pelle pour prendre la brouette (1).

Brouette.

Ici il y a trois opérations : la charge, la décharge, et le brouettage ou transport proprement dit.

Les deux premières se répètent comme les cubes transportés; mais le brouettage à 1 m. se répète aussi à chaque mètre du parcours, et il est par conséquent proportionnel à la somme des produits du cube par la distance parcourue. Autant ce produit aura d'unités, autant de fois se trouvera répétée l'opération du brouettage de 1 m. cube de terre à 1 m. de distance.

Avec la brouette, on fait des transports horizontaux et des transports ascendants; les premiers par relais de 20 m., les autres suivant l'inclinaison la plus forte possible, sans toutefois dépasser une pente d'un huitième de la base pour hauteur. Au delà de cette inclinaison, il y aurait avantage à allonger le trajet de manière à la conserver. Le relai ascendant, sous cette pente, ne dépasse guère 8 m., et il est alors équivalent pour le travail au relai horizontal de 20 m.

La charge demeure la même pour les deux cas; mais il n'en est point ainsi de la décharge, car celle-ci, dans le second, occasionne un rabais de $0^m 25$ environ; c'est-à-dire qu'après avoir élevé la brouette, on est obligé, en la vidant, de laisser retomber les terres de cette hauteur sur les talus ou sur la couche inférieure. En sorte que la décharge occasionne pour chaque unité du cube un travail perdu, équivalent à une ascension de $0^m 25$.

Ainsi, dans le brouettage, il faut distinguer quatre opérations : la

_____

(1) Avant de prendre la brouette, on pourrait se servir du plan incliné avec poulies et renvoi de mouvements, ou même emploi des animaux pour force motrice; mais ce système est embarrassant, et pour ce motif sans doute il a été peu employé jusqu'à ce jour. Je ne prétends pas qu'il y faille renoncer, mais il est peut-être plus prudent, dans cette évaluation première, de ne pas compter sur les avantages qu'on pourrait en tirer s'il était perfectionné et plus généralement employé. Il semble plus convenable de s'en tenir ici aux moyens les plus habituels.

charge, le brouettage horizontal, le brouettage par ascension, et le rabais.

La première se répétaut comme le volume des terres, quelle que soit l'espèce de brouettage.

La deuxième, selon la somme des produits de chaque volume par la distance horizontale.

La troisième, selon la somme des produits de chaque volume par la distance verticale.

La quatrième, comme le volume transporté par ascension.

L'expérience et l'analyse des choses apprennent qu'au-dessus de ℓℓℓℓ **Transport par tombereaux.** 100 m., il faut laisser la brouette pour prendre les tombereaux.

Et ici, comme dans le brouettage horizontal, il faut distinguer le voiturage proprement dit, proportionnel à la somme des produits du cube par la distance, de la charge et de la décharge proportionnelles seulement au cube transporté; en ayant soin de comprendre dans la valeur de la charge le temps perdu par l'attelage pendant qu'elle a lieu.

Il y a aussi à considérer le voiturage par ascension. On évite de l'opérer suivant une inclinaison prolongée de plus de $0^m o5$ par mètre, et alors la distance parcourue est considérée comme doublée pour représenter la valeur du renfort nécessaire. Mais dans les terrassements pour routes, ce cas est rare, parce que d'ordinaire les transports lointains se font en descendant.

Enfin, au-delà d'une certaine distance, on laisse le tombereau pour **Transport par voie de fer.** prendre le wagon; la voie de terre pour la voie de fer. Ici la question vient se compliquer de la fourniture et de la détérioration des rails, aussi bien que d'une main-d'œuvre toute spéciale qu'on ne trouvera pas de longtemps généralisée. Il en résulte que la prise du wagon doit se faire plus tard, partout où le prix des attelages est à meilleur compte comparativement aux prix des rails et de cette main-d'œuvre spéciale.

D'un autre côté, les choses sont loin de se passer ici comme dans la transition de la brouette au tombereau. Le tombereau, comme la brouette, marche à peu près sur le sol même, sans préparation particulière; tandis que le wagon exige une voie spéciale et coûteuse, et c'est elle qui éloigne beaucoup la distance moyenne où son usage devient avantageux. Ce mot, distance moyenne, explique toute la différence. On peut passer de la brouette au tombereau au milieu d'une taille de déblais; mais la transition du tombereau au wagon doit se faire dès le premier moment aux premières distances; car si l'on prévoit la nécessité ultérieure de construire la voie de fer, il faut s'en servir aussi bien pour le premier cube que pour les derniers. Le choix entre ces deux moyens de transport doit donc se faire par la masse à transporter et par la distance réduite, pour la taille entière du terrassement.

L'expérience en ce point n'est pas encore parfaitement assise; on semble cependant admettre que, dans les environs de Paris, la voie de fer commence à devenir avantageuse à 800 m. de distance réduite, quand on a vingt mille mètres cubes à transporter. En Belgique on a compté 1,000 m., et si l'on tire une règle générale de ces deux faits aidés de quelques autres, fournis en partie par les chemins anglais et par les prix respectifs des rails dans les lieux divers, la séparation se ferait à 1,181 m., soit 1,200 m., sur le chemin de fer des Pyrénées.

Ici encore, comme pour le tombereau et la brouette, il y a à distinguer la charge sur wagons proportionnelle au cube, et le voiturage proprement dit proportionnel à la somme des produits de chaque volume par la distance du transport.

Toutes les distinctions que nous venons d'énumérer ont été faites sur chaque profil (1). Elles ont donné la distribution générale suivante (2) :

D'Arcizac à Pont-de-Bordes.

	1re époque.	2e époque.	Total.
1° Jet à la pelle.	17,494m	» m	17,494m
Transport à la brouette. Par ascension { Charge	1,676,444	832,222	2,514,666
{ Somme des produits du cube par la haut.	5,489,331	2,744,665	7,233,996
Horizon-talement. { Rabais de 0,25 à la décharge pour	1,654,751	827,376	2,482,127
{ Somme des produits du cube par la dist.	451,257	225,629	20,676,886
Transport au tombereau. { Charge et décharge.	1,153,536	157,299	1,310,835
{ Somme des produits du cube par la distance.	710,329,770	96,863,151	807,192,921
Par voie de fer. { Charge et décharge.	1,289,649	175,861	1,465,510
{ Somme des produits du cube par la distance.	2,643,072,573	360,418,987	3,003,491,560

(1) Voir les cahiers B₁ B₂ B₃ B₄ B'₁.

(2) Voir, pour la théorie plus complète des mouvements de terre, la note A.

D'Arcizac à Lourdes.

		1re époque.	2e époque.	Total.
	1° Jet à la pelle	»	»	199m66
	Charge.	»	»	5,132 67
Transport à la brouette.	Par ascension { Somme des produits du cube par la haut^r. }	»	»	»
	Rabais de 0,25 la décharge pour .	»	»	»
	Horizon- talement. { Somme des produits du cube par la dist^e. }	»	»	37 ,258 52
Transport au tombereau.	Charge et décharge.	»	»	102,968 01
	Somme des produits du cube par la distance.	»	»	67,449,689 17
Par voie de fer.	Charge et décharge.	»	»	»
	Somme des produits du cube par la distance.	»	»	»

Le pilonage est une opération si simple, si constamment la même, *Pilonage.*
qu'il n'y a presque nulle distinction à faire parmi les diverses terres
qu'on peut avoir à remuer. La valeur de ce travail est tout simplement
proportionnelle au cube total piloné. Il a été distribué en détail (1), et
il donne les chiffres suivants :

D'Arcizac à Pont-de-Bordes.

	1re époque.	2e époque.	Total.
Pilonage et régalage. . . .	4,137,123m	1,175,695	5,312,818m

D'Arcizac à Lourdes.

	1re époque.	2e époque.	Total.
Pilonage et régalage . . .	»	»	168,300m28

Pour mieux analyser les travaux d'art, rappelons d'abord les prin- *Travaux d'art.*
cipes qui doivent ici présider à leur construction. *Ponts, Ponceaux,*
Aqueducs, Viaducs.
Il y aura, pour la première voie, des passages provisoires faits avec
les matériaux qu'on trouvera le plus immédiatement sous la main, c'est-
à-dire en général les bois de toute essence excroissants sur les lieux

---

(1) Voir les cahiers B, B₂ B₃ B₄ B₅.

mêmes, et ils y sont fort abondants. Ces passages tout à fait rustiques n'occuperont que tout juste la place de l'une des voies, et laisseront le reste de la traversée complétement libre pour la construction de la moitié du pont définitif. Cette demi-construction définitive aura lieu pendant la durée du pont rustique, en se servant, pour le transport des matériaux, de cette voie provisoirement ouverte. L'autre moitié du pont se fera lorsque la deuxième voie sera praticable dans toute sa longueur.

Des matériaux se découvriront peut-être dans les fouilles en des lieux divers; mais ce n'est là qu'une espérance, peut-être qu'une illusion, et nous devons les fuir, ne l'oublions pas. Mais ce qui est bien une certitude, c'est l'existence des riches carrières de Lourdes tout à côté de notre chemin de fer; et là, des pierres de taille excellentes, des moellons, des lavasses, etc., etc. Nous pouvons donc évaluer comme si tout partait de ce point. L'avenir conseillera peut-être quelque autre chose; mais ce ne pourra être que pour économiser.

Ainsi dans nos évaluations de ponts définitifs, nous les supposerons composés de pierres de taille, de lavasses, de moellons et de libages, tous venus de Lourdes, et ils donneront lieu à des maçonneries d'autant d'espèces; puis à du bétonnage pour fondation, du ciment pour chape, du parement vu de pierre de taille, du bois pour grillage, des pilots pour fondation, du bois pour cintre, du fer.

Quant aux ponts provisoires, ils pourront avoir quelques-unes des parties appartenant aux ponts définitifs, les culées, par exemple, et de plus du bois de toute essence mis en œuvre rustique, des pilots de toute essence, grands et petits.

Toute la ligne, depuis Lourdes jusqu'à Pont-de-Bordes, donne 88 ponts, pontceaux, aqueducs; 2 viaducs sur routes, 16 sur chemins vicinaux, 5 sous chemins; le tout distribué de la manière suivante :

        12 de   1^m » d'ouverture.
        18 de   2
        11 de   3
        26 de   4
        1 de   5
        14 de   6
        6 de   7
        16 de   8

de 8m50 d'ouverture.

= de 10

= de 13

de 38, 40

de 40

Il y aura de plus 97 aqueducs sur fossés, pour traversées à niveau. Tous ces ouvrages analysés et cubés dans leurs détails (1) donnent en résumé la quantité suivante de chaque espèce d'ouvrage (2).

D'Arcizac à Pont-de-Bordes.

	1re époque.	2e époque.	Total.
Maçonnerie de libages, moellons, etc., venue de Lourdes	2,611m,10	17,672m 47	20,283m 57
Idem, pris sur la ligne . .	4,786 18	»	4,786 18
Maçonnerie de pierre de taille venue de Lourdes.	292 88	4,312 29	4,605 17
Idem, prise sur la ligne .	417 48	»	417 48
Maçonnerie de lavasses pour appui	11 90	161 23	173 13
Maçonnerie de lavasses pour tablier	233 47	1,665 72	1,899 19
Béton pour fondation. . .	372 49	1,212 59	1,585 08
Chape	57 47	358 98	416 45
Parement vu de pierre de taille venue de Lourdes.	946 26	13,172 16	14,118 42
Idem, de pierre de taille prise sur la ligne. . . .	1,033 08	»	1,033 08
Pilots en chêne.	3,218 »	6,932 »	10,150 »
Bois de chêne pour grillage	129	334 43	463 43
Bois pour cintre	11 34	193 95	205 29

(1) Voir les cahiers C, C' C'1.

(2) Voir, pour plus de détails sur les travaux d'art, la note B.

Bois de toute essence. . .	966 48	»	966 48
Pilots de toute essence de grande dimension. . .	376	»	376
Pilots de toute essence de petite dimension. . .	52	»	52
Fer mis en œuvre . . .	564 ^{k},88	10,064 32	10,629 20
Somme à valoir pour épuisements et ouvrages imprévus.	p. mémoire	p. mémoire.	p. mémoire.
Produit des cubes extraits de Lourdes par la distance, pour transport par charrette pour la première époque et par wagon pour la deuxième.	30,108,668^m,27	2,253,743,162th,36	2,283,851,828^m,63

D'Arcizac à Lourdes.

Maçonnerie de libages, moellons, etc.	»	»	180^m,18
Maçonnerie de pierre de taille.	»	»	78 70
Maçonnerie de lavasses pour appui.	»	»	6 40
Maçonnerie de lavasses pour tablier.	»	»	43 14
Béton pour fondation. .	»	»	41 58
Chape	»	»	6 40
Parement vu de pierre de taille.	»	»	203 20
Pilots en chêne.	»	»	»
Bois de chêne pour grillage.	»	»	4 66
Bois pour cintre. . . .	»	»	»
Bois de toute essence . .	»	»	»
Bois de toute essence grande dimension. . .	»	»	»

Bois de toute essence de
  petite dimension . . .   »   »   »
Fer mis en œuvre. . . .   »   »   »
Somme à valoir pour   » '   »   »
  épuisements et ouvra-
  ges imprévus . . . . .   »   »   p. mémoire
Produits des cubes ex-
  traits de Lourdes par
  la distance pour trans-
  port par charrette. . .   »   »   1,506,685ᵐ,26

Dans cette évaluation détaillée des travaux d'art, je n'ai pas compris
le souterrain de Mascaras, quoiqu'il ne doive, en définitive, que ren-
fermer des ouvrages analogues. Mais ils s'y rencontrent en des circonstances si particulières et avec une sujétion si exceptionnelle, qu'on
s'exposerait à commettre de grosses erreurs si l'on voulait le soumet-
tre à cette assimilation générale. Pour que ce fût possible, il faudrait
pouvoir tenir compte de ces difficultés exceptionnelles, et pour cela,
les connaître par des sondages positifs. Mais ce document nous man-
quant absolument, il vaut mieux chercher ailleurs une assimilation plus
capable de nous guider. Nous la trouvons plus exacte, tout au moins
plus rationnelle en nous éclairant de travaux semblables exécutés ailleurs, et en prenant ici pour unité de quantité de travail le mètre
courant de galerie, lequel, en définitive, se reproduit d'un bout à l'autre d'une façon presque identique. La quantité totalisée est alors la
longueur du souterrain, qui est égale à 1,472 m.

Je ferai une remarque toute pareille sur les voies de fer, les bâtiments et dépendances, le matériel de l'exploitation et les frais généraux. Je les jugerai par comparaison, et le mètre courant sera l'unité
de quantité. Les longueurs générales 139,188 m. d'Arcizac à Pont-de-
Bordes et 4,969 m. d'Arcizac à Lourdes seront les quantités totalisées.

Enfin les passages à niveau exigeront, outre les aqueducs sur fossés,
comptés avec les travaux d'art, quelques dépenses de traversées
sur la voie de fer elle-même, notamment des doubles rails et du pavé.
L'unité de travail sera ici chaque traversée, et la quantité générale sera
le nombre total. Il est égal à 79 d'Arcizac à Pont-de-Bordes, et à 6 d'Arcizac à Lourdes.

§ III. — Évaluation en journées et en argent.

Je viens de donner la quantité de chaque nature d'ouvrages. C'est
là véritablement ce qu'il y a de spécial, de propre au chemin de fer de
Lourdes à Pont-de-Bordes ; c'est le résultat de mes opérations détaillées,
c'est ce qui pèse exclusivement sur elles.

Maintenant, pour calculer la dépense nécessaire, il ne faut plus savoir que la valeur de chaque unité de travail ; valeur déterminée tout
à fait en dehors de nous, et qui pourrait profondément se modifier sans
qu'il y eût rien à changer au travail spécial que je viens de présenter.
Ce n'est pas que je veuille dispenser l'ingénieur de connaître et de
dire la valeur de chaque unité d'ouvrages; mais c'est une connaissance qu'il doit puiser dans les faits généraux de l'art, et non dans la
question spéciale qui l'occupe.

Il est surtout des notions qu'il ne peut se dispenser d'avoir et de
donner, c'est la proportion de main-d'œuvre locale exigée par chacun
d'eux ; et par là j'entends la main-d'œuvre spéciale à la localité; la partie du travail qui ne peut être faite que par les ouvriers résidant au
moins temporairement. L'autre partie est un travail aussi, mais il
peut avoir une origine lointaine. On lui donne volontiers le nom de
fourniture; et il est difficile d'en exprimer la valeur autrement que
par un chiffre en argent; bien différent de la main-d'œuvre locale, qui
s'exprime, elle, fort aisément par un nombre de journées de travail.

Inutile de faire remarquer l'importance qu'il peut y avoir à connaître
le nombre total des journées locales de chaque espèce, nécessitées par
un grand travail. C'est le seul document qu'on puisse consulter pour
se fixer quelque peu sur l'accroissement probable du salaire par suite
du développement des travaux. C'est donc là une notion précieuse aussi
bien pour les compagnies que pour le gouvernement; et si l'on pouvait y joindre la connaissance du nombre d'ouvriers de chaque espèce
que possèdent les localités environnantes, on aurait un moyen in-
faillible de pressentir, sinon de calculer rigoureusement le renchérissement probable des travaux suivant l'activité qu'on leur imprime-
rait. Malheureusement ce dernier document n'existe encore nulle part;
il n'est donc pas en mon pouvoir de le donner. Quant au premier, les
préceptes généraux de l'art le mettant à ma disposition, je vais en faire
le détail en distinguant, pour chaque unité de travail, les fournitures

en argent de la main-d'œuvre locale, qui sera exprimée aussi en nombre de journées de chaque espèce.

Enfin, pour mettre chacun en état de mesurer la part d'influence que doit avoir dans l'évaluation en argent la situation propre à chaque lieu, j'appliquerai aux fournitures et aux journées, soit le prix local, soit celui de Paris. Ce sera peut-être un moyen de bien montrer toute l'étendue des nécessités parisiennes, et d'obtenir qu'on ne prenne pas pour règle générale de la France les résultats, souvent exorbitants, puisés dans les environs de Paris.

Telles sont les vues générales qui ont présidé aux évaluations suivantes :

DÉTAIL ESTIMATIF ET SOUS-DÉTAILS.

N°s d'ordre	INDICATION des DÉTAILS ET SOUS-DÉTAILS d'ouvrages.	FOURNITURES pouvant avoir une origine étrangère. Environs de Paris.	Chemin de fer des Pyrénées.	MAIN-D'ŒUVRE LOCALE. Journée de manœuvre ordinaire.	Journées de manœuvre intelligent ou fort.	Journées de compagnon charpentier.	Journées de maître charpentier.	Journées de compagnon maçon.	Journées de maître maçon.	Journées de tailleur de pierre.	Journées de 2 chevaux avec leur conducteur.	Journées de charrette pour le travail de 2 chevaux.	ÉVALUATION TOTALE DE CHAQUE DÉPENSE. Environs de Paris.	Chemin de fer des Pyrénées.
A	B	C	D	E	F	G	H	I	K	L	M	N	O	P
	SOUS-DÉTAILS.													
	INDEMNITÉS DE TERRAIN (1).													
	Prix de l'hectare.													
1	Sol de convenance	»	»	»	»	»	»	»	»	»	»	»	10,000-00 (moyenne.)	12,000-00
2	Prairies de 1re qualité	»	»	»	»	»	»	»	»	»	»	»	»	8,000.00
3	Prairies de 2e qualité	»	»	»	»	»	»	»	»	»	»	»	»	4,000.00
4	Champs de 1re qualité et vergers	»	»	»	»	»	»	»	»	»	»	»	»	5,000.00
5	Champs de 2e qualité et bois	»	»	»	»	»	»	»	»	»	»	»	»	2,500.00
6	Vignes	»	»	»	»	»	»	»	»	»	»	»	»	3,500.00
7	Landes, pâtures, etc.	»	»	»	»	»	»	»	»	»	»	»	»	500.00
	MAIN-D'ŒUVRE.													
8	Prix fondamental de chaque journée de dix heures de travail (environs de Paris)....	»	»	2.50	3f.00	3.25	3.90	3.25	3.90	4.20	11.80	1f.00		
9	Augmenté d'abord de 1/15 pour faux frais puis le tout de 1/10 pour bénéfice......	»	»	2.90	3.50	3.80	4.55	3.80	4.55	4.90	13.75	1.25		
10	Prix fondamental de chaque journée de dix heures sur le chemin de fer des Pyrénées....	»	»	1.25	1.50	2.00	3.00	2.00	2.50	3.00	(2) 7.80	0.80		
11	Augmenté d'abord de 1/15 pour faux frais, puis le tout de 1/10 pour bénéfice........	»	»	1.47	1.76	2.35	3.23	2.35	2.93	3.23	9.10	0.90		
	TERRASSEMENTS.													
	FOUILLES.													
	1re couche jusqu'à 2 m. de profondeur au-dessous du sol.													
12	Plat-fond des vallées graveleuses (3)........	»	»	»	0.100	»	»	»	»	»	»	»	0.35	0.176
13	Idem. argileuses (4)..........	»	»	»	0.075	»	»	»	»	»	»	»	0.26	0.132
14	Coteaux ou parties élevées des plaines (5)........	»	»	»	0.125	»	»	»	»	»	»	»	0.44	0.220
15	2e couche de 2 à 4 m. de profondeur (6)......	»	»	»	0.200	»	»	»	»	»	»	»	0.70	0.332
16	3e couche, à plus de 4 m. de profondeur (7)......	»	»	»	0.300	»	»	»	»	»	»	»	1.05	0.528
	MOUVEMENT DES TERRES (8).													
17	Ici assujetti pour 1 m. cube de terre; sur berges à 4 m. 80 d'élévation; horizontal, à 4 m, ou jet perdu à 2 m., d'élévation; horizontal, à 1 m.	»	»	0.050	»	»	»	»	»	»	»	»	0.145	0.074
18	Chargeur sur brouette et décharge d'un m. cube de terre.	»	»	0.045	»	»	»	»	»	»	»	»	0.130	0.066
19	Charge sur tombereau et décharge d'un m. cube, y compris le temps perdu par l'attelage pendant la charge.	»	»	0.060	»	»	»	»	»	»	»	»	0.052	0.324
20	Charge sur wagon et décharge, y compris toute fourniture de matériel et de main-d'œuvre utilisée ou perdue.	0.36	0.36	0.087	»	»	»	»	»	»	0.025	0.025	1.05	0.82
	Transport sur brouettes d'un m. cube de terre.													
21	À 20 m. horizontalement..........	»	»	0.035	»	»	»	»	»	»	»	»	0.101	0.051
22	À 1 m. verticalement..........	»	»	0.035	»	»	»	»	»	»	»	»	0.101	0.051
23	Rabais de 0,25 à la descente........	»	»	0.009	»	»	»	»	»	»	»	»	0.025	0.013
24	Transport, sur tombereau, d'un m. cube de terres pour chaque 100 m. de distance horizontale entre les points de chargement et de déchargement.	»	»	»	»	»	»	»	»	»	0.036	0.0065	0.0975	0.065
25	Transport sur voie de fer de 1 m. de terres pour chaque 100 m. de distance entre le point de chargement et le point de déchargement, y compris toute fourniture de matériel et de main-d'œuvre.	0.012	0.012	0.0035	»	»	»	»	»	»	0.0065	»	0.031	0.093

TRAVAUX D'ART.

Un mètre cube de maçonnerie de libages, moellons et autres; toutes opérations accessoires comprises.

N°	Désignation						Total
27	Un m. cube de mortier.........	18.35	13.90	1.167			21.72 / 15.61
28	Sur les carrières de Lourdes, y compris charge et décharge pour transport...	16.50	10.17	0.850	0.75	20.84	13.19
29	Des carrières situées sur la ligne, transportés à pied d'œuvre...	16.50	12.17	0.850	0.75	20.84	15.19

Un mètre cube de maçonnerie de pierre de taille; toutes opérations accessoires comprises, moins la taille du parement vu.

N°	Désignation						Total
30	Sur les carrières de Lourdes, y compris charge et décharge pour transport...		30.50	0.727	1.33	0.25	35.43
31	Des carrières situées sur la ligne, transportés à pied d'œuvre...	56.20	36.20	0.727	1.33	0.25	61.51 / 41.13

Un mètre cube de maçonnerie de lavasses pour appui.

| 32 | Sur les carrières de Lourdes, y compris charge et décharge pour transport... | | 31.00 | 0.38 | 0.40 | 0.40 | 36.67 |

Un mètre cube de maçonnerie de lavasses pour tablier.

N°	Désignation						Total
33	Sur les carrières de Lourdes, y compris charge et décharge pour transport...	66.00	24.00	0.38	0.40	0.40	83.36 (9)
34	Un m. cube de béton pour fondation...	13.18	9.95	1.08			16.31 / 11.54
35	Un m. cube de chape...	18.35	13.90	1.567			23.17 / 16.35
36	Un m. carré de parement vu de pierre de taille de Lourdes, compris lis et joints...		30.00	8		21.00	6.46 / 4.83
37	Un pilot en chêne pour fondation... Ordinaire	50.00		0.33		1.50	73.20 / 42.83
38	Un m. cube de bois de chêne pour grillage et autres usages, mis en œuvre...	110.00	55.00	3			140.80 / 74.09
39	Un m. cube de bois pour pilot (10)...	40.60	17.95	3			70.00 / 37.04
40	Un m. cube de bois de toute essence mis en œuvre, en grume, pour passages provisoires...	50.00	14.50	4			80.00 / 33.60

Un pilot de toute essence.

N°	Désignation						Total
41	Grande dimension...	40.00	20.00	8 / 0.33	0.40		63.20 / 32.83
42	Petite dimension...	25.00	15.00	4 / 0.166			36.60 / 21.42
43	Un kilog. de fer mis en œuvre...	1.10	1.10				1.10

Transport par chemin de fer pour le compte de son possesseur, soit en complément de charge soit autrement, d'un mètre cube de libage, pierre de taille ou lavasses.

N°	Désignation						Total
44	Pour chaque m. cube de maçonnerie, à un kilom. de distance (11)...	0.08	0.08	0.67			0.08
45	Un m. courant de voie de fer avec traverses en bois d'essences diverses (12)...	48.00	41.10	0.67	0.05		50.26 / 42.25

(1) Ces divers nombres sont le résultat des prix actuels de vente augmentés d'une moitié pour dépréciation du sol environnant et par suite de l'expropriation forcée.

(2) Le prix du pays est 6 fr. 25 c. pour deux chevaux et leur conducteur; mais ils ne traînent que 0m-80 de terre, tandis que, par suite, au prix de Paris, où les chevaux plus forts traînent 1 m., il a fallu l'accroître de 1/4.

(3) Elle se compose ordinairement de terre végétale, de terre franche et de terre mêlée de pierre, qui donnent en moyenne à l'heure de travail.

(4) Elle se compose ordinairement de terre végétale, qui donnent en moyenne 2/4 d'heure de travail.

(5) Elle se compose ordinairement de terre végétale, de terre franche et de tuf, qui donnent en moyenne à l'heure de 1/4 de travail.

(6) Elle se compose ordinairement de tuf très-dur qui exige moyennement pour fouille 3 heures 1/3. On n'a porté ici que 2 heures, parce que dans ce cas les talus pouvant être tenus beaucoup plus droits, il y aurait dans la section fouillée une diminution supérieure à 4 m. sur la première couche et à 2 m. sur la deuxième, ce qui ramènerait moyennement le mètre de fouille au taux porté.

(7) Elle se compose de tuf très-dur et même de pierre à bâtir. Dans ce dernier cas son utilité paye même une grande partie de la fouille. Dans l'autre cas, l'observation en regard de la couche précédente s'applique à plus forte raison. Le taux de 3 heures pour fouille semble plutôt supérieur qu'inférieur à la réalité.

(8) L'analyse détaillée du mouvement des terres est donnée dans la note A.

(9) Il n'y a pas dans les environs de Paris de lavasses, mais la maçonnerie en moellons qui les remplacerait aurait moyennement un cube quatre fois aussi grand. C'est cette considération qui détermine le chiffre 83 fr. 36.

(10) Le cintre demeurant la propriété de l'entrepreneur après la construction.

(11) Les transports des matériaux par la voie de fer définitivement établie pourront être faits en complément de charge, et ne coûteront ainsi presque rien. En tout cas ils pourraient s'opérer par convois complets qui exigeraient à peine 20 c. par tonne et par lieu. Quant au retour des wagons, s'il était utilisé pour le transport des marchandises ascendantes, il serait payé par elles; si non il serait fait aussi par convois complets, et l'équivaudrait à peine à la moitié de l'économie résultant, à l'arrivée, de l'avantage de faire descendre les fardeaux pendant les 7/8 du trajet, sur une pente de 1 à 5 millimètres. A ce compte chaque mètre cube, qui pèse 1,500 kilogrammes, coûterait à peine 4 centimes par kilomètre. On a porté le double pour échapper à tout mécompte.

(12) Les fournitures consistent en 1 m 50 de sable — 0 m 113 de bois — 2 coins — 38 k. de fer pour rail à 0 f. 408 — 22 kilo. 01 c. de fonte pour coussinets à 0 f. 33 — 1 kilo. 26 de fer pour chevillettes à 0 f. 66 transport à pied d'œuvre, 1 f. 92 à Paris, 2 f. 30 sur la ligne de Tarbes à la Garonne. La main-d'œuvre provient de 0 f. 17 de manœuvre pour creuser l'encaissement et remblayer le sable, de 0 f. 50 de manœuvre et 0 f. 05 de maître charpentier pour la pose proprement dite.

A	B	C	D	E	F	G	H	I	K	L	M	N	O	P
46	Un mètre cube courant de la voie de fer avectraversée en chêne(1)........	50.00	43.60	0.67	»	»	0.05	»	»	»	»	»	52.26	44.75
47	Pour chaque traversée à niveau, sur une seule voie (2) la.............	2,280.00	1,020.00	163	»	»	0.40	»	»	»	»	»	2,764.52	1,200.90
48	Pour compléter la traversée lors de la construction de la 2e voie (3)........	556.50	289.50	4	»	»	0.40	»	»	»	»	»	569.92	289.67

DÉTAIL ESTIMATIF.

CHEMIN DE FER D'ANZAC A PONT-DE-NOMBES.

Construction provisoire d'une voie avec ses accessoires nécessaires.

INDEMNITÉS DE TERRAIN.

A	B	C	D	E	F	G	H	I	K	L	M	N	O	P
49	1h.41a.63c. sol de convenance à 12,000 12,000 fr................ nº 1	»	17,354.40	»	»	»	»	»	»	»	»	»	»	»
50	25h.14a.18c. prairies de 1re qualité, à 8,000 fr..................	»	201,134.40	»	»	»	»	»	»	»	»	»	»	»
51	176h.38a.506. Idem de 2e qualité, à 4,000 fr..................	»	705,540.00	»	»	»	»	»	»	»	»	»	»	»
52	54h.10a.89c. champs de 1re qualité et vergers, à 5,000 fr........	»	270,544.50	»	»	»	»	»	»	»	»	»	»	»
53	81h.39a.61c. Idem de 2e qualité et bois, à 2,500 fr...............	»	203,490.25	»	»	»	»	»	»	»	»	»	»	»
54	6h.26a.31c. vignes à 3,500 fr.......	»	21,920.85	»	»	»	»	»	»	»	»	»	»	»
55	5h.28a.51c. landes, pâtures, etc., à 500 fr............	»	2,642.55	»	»	»	»	»	»	»	»	»	»	»
	350h.021.63c.	3,500,263 00													
56	Indemnités diverses imprévues,............	»	100,000.00	»	»	»	»	»	»	»	»	»	»	»
56 bis.	TOTAL.............	3,500,263·00	1,522,626.95											3,500,263.00	1,522,626.35

TERRASSEMENTS.

FOUILLES.

A	B	C	D	E	F	G	H	I	K	L	M	N	O	P
57	207,663. (1re couche, plat-fond graveleux, nº 12	»	»	»	30,766.30	»	»	»	»	»	»	»	»	»
58	1,392,312. Idem. 13	»	»	»	104,408.40	»	»	»	»	»	»	»	»	»
59	913,752. Idem. cohue et hauts-fonds 14	»	»	»	114,219.00	»	»	»	»	»	»	»	»	»
60	586,432. 2e couche 15	»	»	»	117,286.00	»	»	»	»	»	»	»	»	»
61	832,437. 3e couche............ 16	»	»	»	279,731.10	»	»	»	»	»	»	»	»	»

MOUVEMENT DES TERRES.

A	B	C	D	E	F	G	H	I	K	L	M	N	O	P
62	Jet à la pelle de 17,494............ 17	»	»	874.70	»	»	»	»	»	»	»	»	»	»
	Transport à la brouette.													
63	Charge 1,876,441............ 18	»	»	75,439.98	»	»	»	»	»	»	»	»	»	»
64	Vertical. Produit du cube par la hauteur, 22	»	»	192,126.58	»	»	»	»	»	»	»	»	»	»
65	5,489,331............ Rabais de 0,25 à la décharge pour 23	»	»	14,892.75	»	»	»	»	»	»	»	»	»	»
66	1,654,151. Horizontal. Produit du cube par la distance. 13,784,591 m........ 21	»	»	24,123.03	»	»	»	»	»	»	»	»	»	»
	Transport au tombereau													
67	Charge et décharge, 4,133,436 m... 19	»	»	57,676.80	»	»	»	»	»	»	28,838.40	28,838.40	»	»
68	Produit du cube par la distance, 710,329,770............ 24	»	»	»	»	»	»	»	»	»	46,170.44	46,170.44	»	»
	Transport par voie de fer.													
69	Charge et décharge de 1,289,649 m.... 20	364,273.64	364,273.64	112,499.46	»	»	»	»	»	»	46,427.36	»	»	»
70	Produit du cube par la distance, 2,643,072,573 m.......... 25	317,168.70	317,168.70	99,307.54	»	»	»	»	»	»	17,179.97	»	»	»
71	Pilonnage et régalage de 4,131,123 m. 26	»	»	206,336.15	»	»	»	»	»	»	»	»	»	»
71 bis.	Total des terrassements...........	681,442.34	681,442.34	776,196.99	645,470.80	»	»	»	»	»	138,516.17	75,008.84	7,194,791.79	4,289,155.62
71 ter.	Augmenté de 1/10e pour renchérissement (1), supposé par suite du développement des travaux.	»	»	»	»	»	»	»	»	»	»	»	»	»

TRAVAUX D'ART.

POUR L'ASSIETTE PROVISOIRE DE LA VOIE DE FER.

A	B	C	D	E	F	G	H	I	K	L	M	N	O	P
72	1472 m. de galerie souterraine à une voie (5).	1,324,800.00	833,200.00	»	»	»	»	»	»	»	»	»	7,914,274.26	4,718,671.18

Maçonnerie de pierre de taille.

74	202 m. 88 de Lourdes.....	30	»	8,932,84	212,92	»	»	»
	(11 m. 48 diverses sur la ligne de Lour-des...	31	23,162.37	15,112.78	303.50	»	389.53	731.22
75	11 m. 26 de maçonnerie de lavasses pour appui...	32	»	404.09	4.52	»	565.25	101.37
76	232.47 idem pour tablier....	33	15,409.02	5,503.28	88.71	»	»	»
77	372.49 béton pour fondations.....	34	4,909.11	3,706.27	462.28	»	4.76	4.76
78	55.17 chape....	35	1,614.57	798.83	93.793	»	93.38	93.38

Parement vu de pierre de taille.

79	242.26 Lourdes.....	36	»	»	»	1,392|52	»	»
	133.08 ordinaires.....	37	»	»	»	1,549.62	»	»
80	3218 pilots en chêne.....	38	160,900.00	98,540.00	23,711.00	1,061|94	»	»
82	129 m. bois de chêne pour grillage.....	39	14,190.00	7,095.00	»	387.00	»	»
	11 m. 31 bois pour le cintre.....	40	460.40	203.55	55|50.00	33.92	»	»
84	966 m. 48 bois de toute essence (grande di-mension).....	41	48,324.00	14,013.96	45.36	3,865.92	»	»
	376 pilots de toute essence.....	42	15,040.00	7,520.00	3,998.00	2.41	»	»
85	idem (petite dimension).....	43	1,300.00	780.00	208.00	8.65	»	»
86	564 k. 88 de fer mis en œuvre.....	»	621.36	921.36	»	»	»	»
87	Somme à valoir pour épuisements et ouvrages imprévus.....	»	»	»	»	»	»	»
83	30,103,666.27 produit des cubes extraits de Lourdes par la distance; pour trans-port au tombereau une fois et demi le...	24	375,000.00	250,000.00	»	»	»	»

88 bis	Total, des travaux d'art.....		2,107,524|09	1,405,691|11	36,335|05	4,389|30	6,510|87	275|73	3,442|14
88 ter	Augmentation d'un 1/10 pour renchérissement supposé par suite du développement des travaux.....		210,752.30	140,569.11	3,633.50	438.93	651.08	27.57	344.21

CONSTRUCTION DE LA VOIE DE FER.

89	156,481, longueur de voie, y compris parc et évitements et voies de service aux sta-tions (7)..... no 45		7,524,171|29	6,151,360|10	104,842|27	7,824|95	»	»	»
90	79 traversées à niveau..... 46		180,120.00	89,580.00	12,873.00	31.60	»	»	»
91	Bâtiments et dépendances (9).....		930,519.09	626,346.00	»	»	»	»	»
92	Matériel des transports (9)..... 47		2,505,381.00	2,505,384.00	»	»	»	»	»
93	Dépenses générales diverses (10).....		1,043,910.00	695,940.00	»	»	»	»	»

---

(1) Voir la note 12 de la page 93.

(2) Les fournitures consistent en pavages, empierrement, clavperie, poteaux, etc.; dépense qui s'est élevé en Belgique moyennement à 1,000 fr. 00 c., et qui atteint à Paris, avec les nécessités diverses du lieu, 2,734 f. Elles comprennent aussi 1921 m. ... cubes de terrassement ... Ce cube est la moyenne calculée du terrassement à 2 relais de brouette. La maison du surveillant, s'il y a lieu d'en établir une, figurera dans la dépense générale des bâtiments.

(3) Cette fourniture n'est autre que le complément en fer et en pavage pour la deuxième voie traversée, et la main-d'œuvre provient de la pose du double rail.

(4) C'est 1 f. 11 c. par mètre cube moyennement. Ce prix est probablement trop élevé par mètre cube moyennement...

(5) La longueur du trajet est de 135,128 m. ...

A	B	C	D	E	F	G	H	I	K	L	M	N	O	P
	RÉCAPITULATION **DES DÉPENSES DE LA PREMIÈRE VOIE.**													
94	Indemnités de terrain	3,590,263,00	1,522,626.95										3,500,263,00	1,522,626.95
95	Terrassements	681,442.34	681,442.34	776,196,09	4,488,32								7,194,794.79	1,289,435.62
96	Travaux d'art	2,107,524.60	1,406,691.11	36,355.40									2,293,116.69	1,314,250.46
97	Construction de la voie de fer	7,525,471.29	6,431,369.10	104,842.27			4,382.30	6,590,87	275,73	3,442,14	138,616,17	75,008.84	7,864,813.30	6,510,758.92
98	Traverses à niveau	180,120.00	80,360.00	102,877.00			7,824.05						217,607.08	99,611.25
99	Bâtiments et dépendances	1989,549.00	626,346.00				31.00						930,519.00	626,346.00
100	Matériel des transports	2,505,384.00	2,505,384.00										930,519.00	2,505,384.00
101	Dépenses générales	1,043,910.00	695,940.00										1,043,910.00	695,940.00
	TOTAL général	18,483,334,23	13,952,379,50	930,271,86	4,488,32	4,488,32	12,237,95	6,590,87	275,73	3,442,14	138,616.17	75,008.84	23,559,407.86	17,864,047,20
101 bis														
101 ter	*Augment. pour renchérissements succes-* *sivement comptés par suite du développe-* *ment des travaux de la 1re époque*												27,765,322,33	19,408,219.15
	COMPLÉMENT *des dépenses pour établir les deux voies dans* *leur état normal (1).*													
	TERRASSEMENTS. **FOUILLES.**													
102	153,832 m. 1re couche, plat-fond grave- leux.............................№ 12													
103	606,456 m. *idem* argileux.......... 13			15,383,20										
104	122,344 m. 1re couche, coteaux et haus- fonds............................ 14			52,234.20										
105	79,968 m. 2e couche.............. 15			15,276.75										
106	127,151 m. 3e couche............. 16			15,993.60										
				38,145.30										
	MOUVEMENT DES TERRES. *Transport à la brouette.*													
107	Charge de 838, 222 m............. 18			37,719,99										
108	Produit du cube par la hauteur, 2,744,565.. 22			96,603.27										
109	Rabattis de 0,35 à la décharge sur 827,376.. 23			7,446.35										
110	Produit de la distance horizontale, 6,892,295........................ 21			12,061,52										
	Transport au tombereau.													
111	Charge et cubage de 157,099 m....... 19			7,864.95										
112	Produit du cube par la distance 96,863,151.. 24													
	Transport par voie de fer.													
113	Charge et décharge de 175,861 m....... 20	63,309.95	63,309.96	15,299.90							6,296,10	6,296,10		
114	Produit du cube par la distance 360,418,987.. 25	43,250.27	43,250.27	12,614.65							6,331,00			
115	Pilonage de 1,775,895 m........... 26			58,784.75							2,342.72			
115 bis	**TOTAL des terrassements**..........	106,560.23	106,560.23	247,855.42	137,033.05						14,969.82	6,296.10	1,518,661.75	853,977.70
	TRAVAUX D'ART COMPLÉMENTAIRES POUR L'ASSIETTE DÉFI- NITIVE DES DEUX VOIES DE FER.													
116	(472 m. 2e galerie souterraine pour la 2e voie.............................№ 72	833,200.00	883,200.00	588,800.00										
117	17,612 m. 47 maçonnerie de tillages..... 28	291,584.92	179,729.09	15,621.59					1,078,07					
118	6,321 m. 28 *idem* de pierre de taille.. 30	292,350.69	131,324.84	3,135.03					64.50					
120	161 m. 23 *idem* de travées d'ouill.. 32		5,482.50	61.27					666.28					
121	1,803 m. 72 *idem*, *idem* pour tablier.. 33	109,937.52	39,977.28	632.57										
122	339 m. 98 charp.................. 34	15,981.83	12,065.42	1,309.50										
123	13,472 m. 16 parement vu de pierre de.. 35	6,587,28	4,980.82	588.41										
124	0,022 pilots sur pieux............													
125	331 m. 43 bois de chêne pour grillage.. 37	346,600.00	207,960.00	55,456.00					2,387,56	26,344.32				
126	102 m. 95 bois pour entre-...... 39	35,787.30	18,393.65			1,337.72			1,003.29					
127	10,664 k. 32 fer mis en œuvre.... 43	7,874.38	3,461.39			775.80			581.85					
128	Somme à. valoir pour épuisements et ouvrages imprévus................	11,070.75	11,070.75											
129	Produit du cube transporté par la di- stance 2,253,743,493 m.......... 44	400,000.00	300,000.00											
129 bis	**TOTAL des travaux d'art complémen-**	180,292.45												

131	79 traverses à livrer à compléter…	48	43,963.50			6,326.75		6,642,732|26	5,661,085|72
132	Complément des bâtiments et dépendances		22,317.50	316.00		31.60		45,023.68	22,984.70
133	Complément du matériel des transports	91	469,739.50	313,173.00				469,739.50	313,173.00
134	Dépenses générales diverses	92	1,252,692.00	1,252,692.00				1,252,692.00	1,252,692.00
		93	521,955.00	347,970.00				521,955.00	317,976.00

RÉCAPITULATION

DES DÉPENSES COMPLÉMENTAIRES DE LA DEUXIÈME VOIE.

135	Terrassements		166,560|03	106,560|03	247,863|42	137,033|05		6,642,732|26	813,977|70
136	Travaux d'art		2,251,284.18	1,683,773.95	76,294.38		2,113|52	1,518,561|76	2,840,896.26
137	Voie de fer		6,338,438.15	5,516,072.88	316,645.45		3,872|70	6,612,282.30	5,661,085.72
138	Complément des traverses à niveau		12,963.50	22,317.50	316.00		6,326.73		43,023.68
139	Bâtiments et dépendances		469,739.50	313,173.00			31.60	469,739.30	313,173.00
140	Matériel des transports		1,252,692.00	1,252,692.00				1,252,692.00	22,984.70
141	Dépenses générales		521,955.00	347,970.00				521,755.60	347,976.00
111 bis	TOTAL général des dépenses complémentaires		11,085,053|16	9,243,412|68	409,154|73	137,033|05	10,284|05	13,231,766|53	10,402,688|37

RÉCAPITULATION

GÉNÉRALE DE TOUTES DÉPENSES.

142	1re voie avec ses gares		18,493,734|03	13,022,379|50	646,470|80	137,033.65	6,590|87	75,008|84	17,864,673|20
143	Complément de la 2e voie		11,085,053.16	9,243,412.88	409,154.73		19,720.47	6,296.10	10,402,688.37
143 bis	TOTAL de la dépense pour 139,188 m.		29,566,385|39	22,195,792|616	1,322,426|39	783,503|06	22,301|00	81,304|94	28,266,761|57

Augmenté pour renchérissement supposé par suite du développement des travaux de la 2e époque…

144			»	»	»	»	»	»	40,597,082.96

DÉPENSE PAR KILOMÈTRE.

	Première voie		»	»	»	6,590|37	233|73	183,822|00
	Complément		»	»	»	19,720.47	1,905.85	95,063.00
	TOTAL, y compris renchérissement		»	»	»	26,311|14	2,66|58	278,995.00

Cette évaluation subirait probablement dans l'exécution les réductions suivantes (3).

1° 284,547 m. 64 portés comme retroussée qui n'existeront probablement par, savoir :

À la brouette.

145	Charge et rabais, 15,085 m. — nos 18-23		»	»	»	»	»	3,168|72
146	Produit vertical, 39,689 m. — 21		866|59	»	»	»	»	3,973.80
147	Produit horizontal, 18,210 m. — 21		1,380.11	»	»	»	»

Au tombereau.

148	Charge et déclarge, 142,549 m. — 19		31.86	»	»	»	»	7,537|52
149	Produit, 61,135,135 m. — 24		7,127.45	»	»	»	»	3,973.80

À reporter… 9,417|01 | | | | | | 7,537|52

(1) Ces ouvrages complémentaires étant exécutés successivement et sans hâte, ne doivent pas être accrus de 1/10 qui a été porté en sus dans l'estimation de la première voie, par suite du renchérissement momentané causé par le développement des premiers travaux.

(2) Les 312 kilomètres du chemin de fer belge qui se trouvaient livrés à l'exploitation le 1er mars 1838 ont coûté 47,211,326 fr. 42 c., et pour les rendre comparables à notre chemin, il reste à compléter la 2e voie sur une longueur de 210 kilomètres, la 2e voie étant ce terrain et quelques autres travaux d'art et de terrassements. Le premier article évalué d'après la force donnée aux rails de notre voie exigerait un surcroît de dépense égal au moins à 12 fr. par mètre courant, déduction faite de 3 fr. pour moins-value du fer; ce qui donnerait pour les 210 kilomètres 8,820,000 fr., et en y ajoutant 300,000 fr. pour la seconde galerie de Cumptich, puis 1 million seulement pour complément de tous autres travaux, on aurait un total de 57,391,326 fr. sur 312 kilomètres, et pour 139 kilom. 188 m., 25,603,242 fr. Ce chiffre, inférieur de 3,683,130 fr. à notre évaluation, fournit un point de comparaison qui donne une certitude à peu près parfaite, et confirme les détails dans lesquels nous sommes entrés. Les mêmes travaux aux environs de Paris coûteraient 40,546,853 fr., près des 2/5 en sus, et cela malgré le peu de différence de terrassement qui existe dans le prix de la voie de fer en elle-même.

(3) Dans tous les calculs de terrassement on a supposé que les talus des déblais étaient toujours établis à 45e, tandis que dans les grandes profondeurs, les terrains ont une consistance qui permet des inclinaisons beaucoup plus rapides; la quantité des déblais doit donc beaucoup diminuer, et il est à peu près certain que les retroussements, ménagés dans la distribution des terrassements, n'existeront pas dans l'exécution. Ils sont réunis dans le présent article tels qu'ils ont été portés sur les cahiers de terrassements.

A	B		C	D	E	F	G	H	I	K	L	M	N	O	P
	Report		»	»	9,417|01	»	»	»	»	»	»	7,537|52	7,537|52	»	»
	Par voie de fer.														
150	Chargement et déchargement, 125,913 m.	20	45,328|68	45,328|68	10,954.43	»	»	»	»	»	»	4,532.86	»	»	»
151	Produit, 234,351,605 m.	25	28,422.19	28,422.19	8,202.30	»	»	»	»	»	»	1,923.28	»	»	»
	2° Les 2/3 au moins des remblais d'emprunt comptés à l'abord oriental du souterrain qui seront évités en l'établissement sur la naissance du coteau (4).														
152	Charge et rabais, 480,000 m. 18-23		»	»	21,920.00	»	»	»	»	»	»	»	»	»	»
153	Produit vertical, 1,950,000 m.	22	»	»	68,250.00	»	»	»	»	»	»	»	»	»	»
154	Produit horizontal, 6,400,000.	21	»	»	10,675.09	»	»	»	»	»	»	»	»	»	»
155	Terrains fouilles qui pourront être revendus.		Pour mémoire.	»	»	»	»	»	»	»	»	»	»	»	»
156	3° Amélioration possible dans le tracé définitif par plusieurs autres points.		Pour mémoire.	»	»	»	»	»	»	»	»	»	»	»	»
157	4° Utilisation des pierres extraites dés fouilles.		»	»	»	»	»	»	»	»	»	»	»	656,699|04	400,002|44
	157 *bis.* TOTAL de la réduction probable (à retrancher du n° 143 *bis*) . . .		73,450|87	73,450|87	133,418|74	»	6,601|84	22,469|00	26,311|34	2,066|58	29,786|46	13,593|66	7,537|52		
158	Resterait pour dépense		29,491,336.52	23,122,341.31	1,205,007.65	783,505|65	»	»	»	»	»	139,992.33	73,767.22	38,134,468.45 27,866,699.13 40,274,712.93 29,460,839.19	
159	Dépense par kilomètre		»	»	»	»	»	»	»	»	»	»	»	273,978.00	200,209.00
	Et avec renchérissement		»	»	»	»	»	»	»	»	»	»	»	289,354.00	211,662.00

PROLONGEMENT

DU CHEMIN DE FER D'ARCHIAC A LOURDES(2).

DÉTAIL ESTIMATIF POUR LA CONSTRUCTION DES DEUX VOIES.

Indemnités de terrain.

A	B		C	D	E	F	G	H	I	K	L	M	N	O	P
160	1 h. 14 a. 73c. prairies 1re qualité à 8,000 f. D° 2		»	9,170.00	»	»	»	»	»	»	»	»	»	»	»
161	5 h. 66 à. 00 c. champs id. à 5,000fr. . . .	4	»	28,301.00	»	»	»	»	»	»	»	»	»	»	»
162	0 h. 13a. 00 c. landes, natures etc. à 500.	7	»	65|00	»	»	»	»	»	»	»	»	»	»	»
163	6 h. 93à. 73c.		48,375|00	»	»	»	»	»	»	»	»	»	»	89,375|00	48,136|40
	Indemnités diverses imprévues (3)		20,000.00	10,000.00	»	»	»	»	»	»	»	»	»	»	
	163 *bis.* TOTAL		89,375|00	48,136|40	»	»	»	»	»	»	»	»	»	»	

TERRASSEMENTS.

FOUILLES.

A	B		C	D	E	F	G	H	I	K	L	M	N	O	P
164	28,049 m. 81 1re couche plat-fond graveleux	12	»	»	»	2,804|98	»	»	»	»	»	»	»	»	»
165	46,131 m. 34 idem coteaux calcario-fonds	14	»	»	»	5,841.41	»	»	»	»	»	»	»	»	»
166	14,900.53 2e couche.	15	»	»	»	3,360.10	»	»	»	»	»	»	»	»	»
167	9,558.50 3e couche.	16	»	»	»	2,981.55	»	»	»	»	»	»	»	»	»
	MOUVEMENTS DES TERRES.														
168	199 m. 66 jet à la pelle.	17	»	»	9|98	»	»	»	»	»	»	»	»	»	»
	Transport à la brouette.														
169	Charge de 5,132 m. 6t	18	»	»	256.97	»	»	»	»	»	»	»	»	»	»
170	Vertical. . . néant.														
171	Horizontal. Somme des produits du cube par la distance 375,2: 8 m. 52. . . .	21	»	»	655.70	»	»	»	»	»	»	»	»	»	»
	Transport au tombereau.														
172	Charge de 101,046 m. qi	19	»	»	5,148.40	»	»	»	»	»	»	2,571|20	2,571|20	»	»
173	Somme des produits du cube par la distance 67,440,669 m.47. . . .		»	»	»	»	»	»	»	»	»	»	»	»	»
174	Pilonage et réglage de 108,390 m. 28. . .	24 26	»	»	5,415.01	»	»	»	»	»	»	1,384.23	1,384.23	»	»
	174 *bis.* TOTAL des terrassements . . .		»	11,466|06	15,014|04	»	»	»	»	»	»	6,955|43	6,958|43	226,346|95	131,198|46
	Et avec renchérissement par suite du dé-		»	»	»	»	»	»	»	»	»	»	»		

TRAVAUX D'ART.

N°									
175	19 m. 16 de maçonnerie de libages, moellons et autres, etc...								
176	78,70 *idem* de pierre de taille...	1,832 64	135 15						21,230 47
177	6,40 *idem* de lavasses pour appui...	2,400.35	57.21						23,363.72
178	43,11 *idem* pour tablier...	217.60	2.43						
179	41,58 de béton pour fondations...	1,035.38	16.39						
180	6,40 de chape...	448.72	4.46						
181	200,60 de parement { Lourdée...	88.96	7.46						
	de pierre de taille. { Ordinaire...								
182	4,66 lbis de chêne pour grillage...	2,847.24	135 13				19 67		
183	Somme à valoir pour équipements et ouvrages imprévus...	548.02	164.67				2.56		
184	1,506,083 m. 26 somme de maçonnerie par la distance aux carrières une fois et demie le...	117.44	2.56				17.25		
		512.60	17.25	256.30					304.80
184 *bis.* TOTAL des travaux d'art...		15,000.00		10,000.00					466 40
		21,898 27	281 54	16,244 72	18 64		13 98	259 61	39 48	146 90

CONSTRUCTION DES VOIES DE FER.

185	10,104 de longueur de voie, y compris voie de service aux stations...	485,901 36	6,769.68	415,274 40		505.20			507,832 09	426,857 96
186	6 traverses à niveau...	17,015.00	1,002.00	7,815.00		4.80			19,946.54	9,303.44
187	Bâtiments et dépendances...	5,601.71		533,603.16					131,603.00	131,603.00
188	Matériel des transports...	131,603.00		133,603.16					131,603.00	131,603.00
189	Dépenses générales...	29,814.00		19,876.00					29,814.00	19,876.00

Récapitulation des dépenses pour les deux voies entre Arcizac et Lourdes.

190	Indemnités de terrain...	89,375 00	15,014 04	48,136 00			13.98	259 61	39 48	89,375 00	48,136 00
191	Terrassements...	21,998.27	281.54	45,244.72	18.64		505.20			190,162.67	112,836.78
192	Travaux d'art...	485,901.36		415,274.40			4.80			20,803.70	21,230.47
193	Construction de la voie de fer...	17,019.00		7,815.00						507,832.09	426,857.63
194	Traverses à niveau...	50,404.71		33,603.16						19,946.54	9,303.44
195	Bâtiments et dépendances...	134,163.00		134,163.00						50,404.71	33,603.16
196	Matériel des transports...	29,814.00		19,876.00						134,163.00	134,163.00
197	Dépenses générales...									29,814.00	19,876.00

197 *bis.* TOTAL de la dépense pour 4,969 m. de longueur...		828,675 37	19,514 28	675,412 28	18 64		523.98	259 61	39 48	1,051,501.84	806,035 18
198	Et avec renchérissement...									1,117,714.45	881,825.52
	Par kilomètre...									211,612.00	162,213.00
	Et avec renchérissement...									230,975.00	177,465.00

Récapitulation générale des dépenses entre Lourdes et Pont-de-Bordes.

199	D'Arcizac à Pont-de-Bordes...	29,491,936.52	1,206,007.55	23,122,341.31	6,601.84		733,503.85	26,311.34	2,066 58	73,767.22	806,035.48
200	D'Arcizac à Lourdes...	828,675.37	19,514.04	675,412.26	18.64		15,014.04	259.61	39.48	7,105.33	711.20
200 *bis.* TOTAL GÉNÉRAL pour 144,154 m. de longueur...		30,323,644 89	1,225,521 93	23,791,453 50	6,620 48		798,517 89	26,570 95	2,106 06	80,872 55	30,497 66
201	Et avec renchérissement...									41,422,427.38	
	Par kilomètre...									271,828.00	198,882.00
	Et avec renchérissement...									287,342.00	210,483.00

(1) À l'abord oriental du souterrain (origine de la Cuirone), le tracé établi dans le plat-fond de la vallée a nécessité de grands remblais qui seront en grande partie évités si dans le tracé définitif on s'établit à la naissance du coteau, et elle s'y prêtera aisément.

(2) Entre Arcizac et Lourdes, les deux voies sont supposées établies dès l'ouverture du chemin. L'exploitation des carrières de Lourdes né-

cessite une exception en faveur de cette distance, qui est égale à 4,969 m. seulement. L'assemblage à la station culminante des produits de ces carrières, y concourant de tous les côtés, permettrait difficilement de se contenter ici d'une seule voie avec ses gares d'évitement. D'ailleurs les travaux d'art devraient être construits définitivement, parce que les matériaux se trouveraient presque à pied d'œuvre; il n'y aurait donc que quelques terrassements à ajourner, et ils égaleraient à peine le cinquième de la to-

talité. Tout semble donc se réunir pour conseiller ici, par exception, l'établissement simultané des deux voies.

(3) Ce supplément d'indemnités est rendu nécessaire par la prévision de l'ouverture du chemin de fer de Lourdes à Bayonne, qui pourrait exiger un approfondissement de la voie et par suite un chargement des déblais.

§ IV. — Résumé général des évaluations.

Dépense de chaque période. Il résulte des évaluations précédentes que le chemin de fer des Pyrénées, entre Lourdes et Pont-de-Bordes, sur une longueur de 144 kil. 157 m. coûterait au plus 30 millions 342,664 fr. 61 c., c'est-à-dire 210,483 fr. par kilomètre, pour deux voies de fer, avec le matériel et les bâtiments nécessaires à l'exploitation.

La construction serait divisée en deux périodes.

La première comprendrait l'acquisition de tout le sol; les dépenses indispensables seulement à l'établissement immédiat d'une voie avec ses gares d'évitement et autres accessoires d'exploitation nécessaires, sur toute la partie comprise entre Arcizac et Pont-de-Bordes (139,188 m.); et enfin l'établissement complet des deux voies entre Arcizac et Lourdes (4969). Cette période prendrait 20 millions 380,044 fr. 92; les 2/3 environ de la dépense totale (1).

La deuxième période compléterait l'établissement définitif des deux voies et emploierait 9 millions 962,619 fr. 69 c.

La dépense totale divisée en main-d'œuvre locale et en fournitures diverses pouvant avoir une origine plus lointaine, moins influencée dès lors par le développement des travaux, donnerait pour la dernière catégorie, 23 millions 797,453 fr. 59 c., et pour la première, 6 millions 545,511 fr. 02, par un nombre de journées de différentes espèces égal à 2 millions 259,925 j. 61 c. et subdivisé ainsi qu'il suit :

1,225,521 j.	93	journées de manœuvre ordinaire.	
798,517	89	id.	id. intelligent ou fort.
6,620	48	id.	compagnon charpentier.
22,992	98	id.	maître charpentier.

---

¹ Dans mon premier Mémoire publié en 1838, évaluant la dépense de la première voie entre Tarbes seulement et la Garonne, je donnais le chiffre de 18 millions. Le résultat des estimations détaillées est venu confirmer ce premier jugement instinctif, pour ainsi dire, avec une précision si grande qu'il est difficile de ne pas apercevoir le doigt du hasard dans cette coïncidence absolue. Elle prouve cependant aussi quelque peu la justesse des bases sur lesquelles je fondais alors mes croyances. C'est une raison de plus pour que j'aie confiance dans ces diverses évaluations, aujourd'hui surtout qu'elles sont produites en toute connaissance de cause, et dans la rigueur de tous les détails.

26,570 j.	95	id.	compagnon maçon.
2,106	06	id.	maître maçon.
30,497	66	id.	tailleur de pierre.
147,097	66	id.	2 chevaux avec leur conducteur, dont 80,872 j. 55 avec tombereau.

Dans cette main-d'œuvre locale, les simples manœuvres plus ou moins intelligents et les conducteurs de chevaux qui peuvent leur être assimilés, figurent pour 2 millions 171,137 j. 48, dont 1 million 756,992 j. 28 dans la première période.

Les divers métiers auraient aussi à fournir de leur côté 88,788 j. 13 dont 28,569 j. 92 seulement dans la première période.

Chaque année comptant à peine 300 jours de travail effectif, pour achever en trois ans les ouvrages de la première période, il faudrait donc moyennement, sur toute l'étendue du chemin de fer, un emploi quotidien de 1,953 manœuvres, et 48 ouvriers à métier, en supposant que ceux-ci ne pussent travailler utilement que 8 mois de l'année.

2,000 manœuvres peuvent se puiser aisément sur 36 lieues de longueur surabondamment peuplées, sans provoquer un accroissement exagéré dans le salaire. Il est donc probable que l'augmentation de 1/10 supposée dans les dépenses pour répondre à cette éventualité d'enchérissement, ne serait pas atteinte en réalité.

Les travaux du chemin de fer des Pyrénées se trouvent aussi estimés, en leur appliquant les prix de toutes choses aux environs de Paris.

Il en résulte une dépense égale à 41 millions 422,427 fr. 38 c., c'est-à-dire 287,342 fr. par kilomètre, au lieu de 198,882 fr. chiffre réel de l'estimation locale; c'est environ les 4/9 en sus.

Les nécessités Parisiennes auraient donc pour effet de sous-doubler, pour ainsi dire, la dépense, et l'on voit par là combien est grossière l'erreur de ceux qui, pour se faire une opinion sur l'étendue des sacrifices réclamés de la France par un réseau complet de chemins de fer, vont puiser leurs chiffres dans les résultats obtenus aux environs de Paris.

Pour ne pas être accusé d'une erreur semblable, je n'affirmerai pas que tout doive se passer en France comme sur le chemin de fer des Pyrénées. Il est cependant évident pour moi que la situation de cette li-

Application des prix de Paris.

gne doit être bien voisine de la véritable moyenne. Les circonstances topographiques, les généralités des prix sur cette longueur de 36 lieues, tout m'y apparaît dans cet état moyen qui seul peut approcher d'une base commune. Mais ce n'est là qu'une impression personnelle que je n'ai pas la prétention de donner pour la vérité.

Je me borne donc à insister sur cette conclusion, celle-là bien irrécusable, que les 3oo mille francs par kilomètre, chiffre emprunté aux environs de Paris, sont loin d'être applicables à la France entière.

Enfin je demeure, quant à moi, dans la conviction qu'en supposant *généralement* 2oo mille francs par kilomètre, on ne peut pas être au-dessous de la vérité.

Partage de la dépense entre
les départements, l'État
et la compagnie. Pour terminer convenablement l'exposé du chemin de fer des Pyrénées entre Lourdes et Pont-de-Bordes (144,157ᵐ), il ne me reste plus qu'à dire les dépenses qui tomberaient ici à la charge de chacun des trois grands intérêts que je voudrais voir généralement concourir à l'établissement des chemins de fer.

Dans mes idées développées plus haut et qui sont, du reste, à peu près d'accord avec les propositions du gouvernement, les départements traversés fourniraient la majeure partie des indemnités d'expropriation, soit les deux tiers; l'État l'autre tiers, tous les travaux d'art et les terrassements de la première voie avec ses gares d'évitement. Les compagnies enfin feraient le reste.

Les évaluations précédentes nous donnent pour ces trois masses de dépenses les chiffres suivants :

	Première période.	Deuxième période.	Total.
Deux tiers des indemnités de terrain (localités)	1,047,175 f. 57	»	1,047,175 f. 57
Tiers des indemnités, — totalité des travaux d'art, — terrassements de la première voie, moitié des dépenses générales (l'État).	7,063,479 f. 05	2,123,990 f. 86	9,187,469 f. 91
Complément des dépenses (les compagnies).	11,884,330 f. 21	8,223,688 f. 92	20,108,019 f. 13
		Total.	30,342,664 f. 61

Ainsi, dans les proportions de concours adoptées, les départements et les communes fourniraient un million.

L'État, tout d'abord, c'est-à-dire pendant la construction première qui pourrait durer trois ans, n'aurait à débourser que 7 millions environ; les 2 millions restants seraient répartis sur une série d'années plus prolongée.

La compagnie enfin, immédiatement après la terminaison générale du chemin, aurait à dépenser 12 millions, mais elle jouirait aussitôt des revenus. Quant au reste de la dépense, qui pourrait atteindre 8 millions, il s'ajournerait au gré de toutes parties jusqu'au moment où le développement des affaires viendrait commander de compléter la deuxième voie, et alors, sans doute, personne ne trouverait onéreux ce dernier supplément de dépenses.

NOTES

---○---

NOTE A.

Terrassements. — Principes généraux qui doivent présider à leur organisation. —
Évaluation des dépenses qu'ils occasionnent.

---

§ I. — Cube des terrassements. — Modes d'évaluation.

Dans l'analyse générale des terrassements, je n'ai parlé ni du système que j'ai adopté pour en évaluer les quantités, ni peut-être, avec assez de détails, de la classification des divers transports.

Je vais essayer de combler cette lacune.

Représentation du terrain. Beaucoup de méthodes plus ou moins ingénieuses ont été indiquées pour décomposer en solides géométriques susceptibles d'une cubature facile, les formes si variées des terrains naturels.

Il en est qui s'approchent tellement des figures réelles, qu'elles peuvent être considérées comme donnant la représentation mathématique de la nature. Mais elles entraînent à des calculs si compliqués et à des opérations géodésiques si nombreuses, que dans les projets un peu étendus, on risquerait, en se condamnant à les subir, de noyer dans les détails, souvent puériles, les aperçus les plus généraux et les plus essentiels.

Cette considération a fait renoncer presque toujours aux décompositions compliquées, et l'on a donné la préférence à des méthodes plus simples, qui permettent à l'homme de l'art d'employer plus utilement le temps dont il peut disposer.

Une chose doit surtout le préoccuper, c'est que le système de calculs dont il fait usage, aussi approximatif que possible dans sa simplicité, soit assez impartial pour laisser l'esprit dans l'incertitude sur le sens de l'erreur possible.

Danger de la permanence dans le sens des erreurs partielles. Si la méthode, par son essence même, donne des erreurs de détail qui s'ajoutent toujours entre elles, elle est mauvaise, car elle peut conduire, en définitive, à une énorme erreur.

Si le sens de l'erreur au contraire peut varier à chaque pas, une compensation générale devient très-probable ; et , lorsqu'il s'agit d'appréciations sommaires , il y a vraiment sécurité sur le résultat totalisé.

Dans l'étude des voies de communication, ce qu'il faut analyser, c'est d'ordinaire une zone de terrain fort longue mais très-étroite, et d'une largeur à peu près constante.

Le plus important à connaître , c'est assurément le détail de l'ondulation de cette zone, dans le sens de sa longueur ; en d'autres termes, le nivellement de l'axe; et il suffirait à la connaissance entière du terrain, si à droite et à gauche les mêmes ondulations s'établissaient. Alors , sur tous les points , le nivellement en travers de l'axe donnerait une ligne horizontale. Profil en long.

Les choses ne se passent point aussi simplement. La ligne en travers est rarement de niveau. Elle incline tantôt à droite, tantôt à gauche. Des personnes , trompées par ces alternatives, pourraient y voir une compensation dans le calcul général, et croire échapper ainsi aux erreurs de détails résultant de toute méthode qui se dispenserait de tenir compte de la forme en travers du terrain. Ce serait là une véritable méprise, car on est ici dans un de ces cas où le sens de l'erreur est permanent, quel que soit le côté vers lequel penche la ligne. Cette permanence n'est nullement détruite par la diversité dans le sens de l'inclinaison. Quelques mots de plus expliqueront ma pensée. Profils en travers.

La section de terrassement qu'il s'agit d'apprécier est toujours déterminée par la surface de la voie qui est horizontale, par ses talus latéraux qui ont une même inclinaison, mais en sens contraire , et enfin par la ligne du terrain, variable dans ses pentes.

Que la hauteur de cette section sur l'axe soit fixée, qu'on fasse seulement varier l'inclinaison transversale du terrain , et l'on verra que la section donnée par l'horizontale sera un minimum absolu ; c'est-à-dire que toutes les fois qu'on suppose cette horizontalité quand elle n'existe pas , on prend une section plus petite que la section réelle. L'erreur commise est donc toujours en moins ; toutes s'ajoutent, et peuvent ainsi finir par donner une erreur notable , d'autant plus fâcheuse qu'elle affaiblit l'évaluation. On le sait de reste, dans une estimation sommaire, les erreurs en moins sont les pires de toutes.

Malgré cela, on a quelquefois négligé dans les avant-projets la disposition transversale du terrain. Si l'on a cru à des compensations, on s'est trompé, je viens de le prouver. Si l'on n'a pas jugé l'erreur possible assez importante pour motiver les détails géodésiques et les calculs qu'on a pu craindre, il y a eu peut-être fausse appréciation de cette complication ; car en même temps qu'on nivelle l'axe longitudinalement, il est bien facile de prendre de chaque côté la pente transversale de manière à donner, sinon tous les détails nécessaires à un projet définitif, du moins cette inclinaison sommaire qui permet d'échapper à la permanence du sens dans l'erreur possible.

Quant aux calculs, le seul moyen de les abréger , c'est de les puiser dans des tables formées à l'avance ; et il est facile d'en établir qui tiennent compte des inclinaisons transversales. L'administration des ponts et chaussées en a fait dresser un grand nombre, qui m'ont suffi pour les cas les plus fréquents ; et les autres ont pu en être déduits sans beaucoup de travail.

Je crois donc, en définitive, qu'il sera toujours beaucoup plus exact et presque aussi facile de tenir compte des inclinaisons transversales du terrain. Je l'ai fait dans l'avant-projet que je produis; mais pour simplifier autant que possible les dessins graphiques, au lieu de représenter ces pentes par des profils, je me suis borné à les écrire en travers de la ligne longitudinale du terrain, au-dessus ou au-dessous, pour indiquer les inclinaisons de l'un et de l'autre côté de l'axe. Enfin je leur ai donné le signe + ou le signe — selon qu'elles tendaient à augmenter ou à diminuer la côte du milieu. L'absence de cote transversale annonce une horizontale pour profil en travers.

§ II. — Mouvements de terres. — Jet de pelle.

Passons au mouvement des terres. Il peut s'opérer; nous l'avons déjà dit dans le corps de l'écrit, par simple jet de pelle, par brouette, par tombereau, par wagon.

Le jet de pelle est une opération simple qui effectue en même temps la prise des terres, et leur déplacement à une petite distance. Cette opération se trouve entière dans la charge, qui a lieu nécessairement pour les transports par tombereaux, par wagons, même par brouettes. Seulement, pour ces derniers, elle exige un peu moins de travail à cause de la proximité de la brouette et de sa faible élévation; ainsi, toutes les fois qu'il s'agira d'un mouvement de terres que le premier jet puisse atteindre, la pelle sera le moyen de transport le plus économique.

Amplitude du jet. L'amplitude du jet est 6 m. lorsque les terres n'ont pas à s'élever et qu'on peut les lancer sans sujétion.

S'il faut les loger sur un lieu déterminé, s'il faut mesurer la force du jet, s'il faut le diriger, l'assujettir en un mot, 4 mètres horizontalement sont la limite qu'on peut moyennement atteindre.

S'il faut en même temps élever les terres, l'étendue horizontale du jet diminue.

Elle est à peu près 3 m. pour 0m50 de hauteur.

1m90 pour 1m00

0,75 pour 1m50

0,52 pour 1m60 qui est la limite de hauteur du jet assujetti.

Le jet sans sujétion peut aller en élévation jusqu'à 2 m.

Temps nécessaire au jet d'un mètre cube de terres. Les documents recueillis sur le temps exigé par le jet à la pelle d'un mètre cube de terre ne sont point parfaitement concordants. Ils varient depuis 0.40 d'heure de terrassier jusqu'à 0,88.

Ces différences tiennent beaucoup à la diversité des circonstances où se trouvaient les terres jetées, et peut-être aussi à l'inexactitude des observateurs. Les résultats qui semblent mériter le plus de confiance, par les soins qui paraissent avoir présidé à leur constatation, sont très-voisins de 0h50. J'ai eu pour mon compte occasion de vérifier ce chiffre, et c'est pour cela que je l'ai adopté dans mes évaluations.

§ III. — Transports à la brouette.

Le transport à la brouette exige trois opérations : la charge, le brouettage, la décharge.

La première et la dernière se comptent d'ordinaire ensemble, parce que l'une et l'autre se répètent proportionnellement au nombre de mètres cubes transportés. Les expériences qui semblent les plus dignes de confiance conduisent pour ces deux opérations à une moyenne de 0,45 d'heure de terrassier ordinaire, c'est-à-dire, à 0,045 de journée d'un manœuvre.

Charge et décharge.

Le brouettage doit se compter séparément, parce qu'il varie à la fois selon le cube transporté et suivant la distance du transport. Il se trouve proportionnel à la somme des produits de l'un par l'autre.

Brouettage.

Le plus ordinairement il se fait par relais de 20 m. lorsqu'il doit être horizontal. C'est la distance conseillée par la pratique pour établir entre la fatigue de l'aller et le délassement du retour une alternative qui, dans ce travail, fasse tirer de la force humaine le maximum d'effet utile.

Horizontal.

S'il faut en même temps élever les terres, la longueur du relai diminue, et une longue expérience semble avoir solidement établi les principes suivants :

Ascendant.

1° Les brouettes ne doivent pas monter pleines suivant une ascension supérieure à $^1/_8$ de la base. Si l'inclinaison naturelle était plus rapide, il y aurait avantage à allonger le trajet de manière à ne point dépasser cette pente. Mais au-dessous, la plus forte inclinaison, qui est le plus court chemin, est aussi la plus avantageuse.

2° Pour une pente de 0^m055 l'effort nécessaire est sous-doublé ; et jusqu'à 0^m05, l'accroissement de temps ou d'effort serait le même pour un accroissement constant de pente.

Ces deux principes, fournis par une longue expérience et universellement appliqués, sont devenus ainsi presque instinctifs. Ils n'en doivent inspirer que plus de confiance, et ils indiquent évidemment la moyenne des résultats obtenus. L'on va voir aussi qu'ils suffisent pour déterminer à peu près toute la théorie du transport à la brouette.

Et d'abord, le premier fixe un point essentiel : celui où l'accroissement d'effort pour un accroissement de pente est équivalent précisément à l'accroissement de distance horizontale qu'il faudrait se donner pour s'élever comme la pente accrue, en gardant pourtant la même déclivité ; et si, pour fixer nos idées, nous prenons un $^1/_2$ centimètre pour cet accroissement fondamental et successif de la rapidité, en le divisant par $^1/_8$, nous aurons l'accroissement de longueur exigé pour le maintien de cette limite ; et il sera 0^m04. Ce chiffre est donc aussi l'accroissement que subirait l'effort pour passer d'une pente de $^1/_8$, c'est-à-dire 0^m125 à une pente supérieure de $^1/_2$ centimètre, c'est-à-dire 0^m130.

Le second principe apprend qu'arrivé à la pente de 0^m055, l'effort nécessaire s'est accru de la moitié de ce qu'il eût été en suivant la distance horizontale ; et si l'on établit uniformément, comme ce principe le dit aussi, la même augmentation d'effort dans le passage de chaque pente à la suivante plus rapide de $1/2$ centimètre par mètre, on trouve que l'effort nécessaire à la même distance horizontale doit croître successivement d'une quantité égale chaque fois à 0^m03755, c'est-à-dire se multiplier par 1,03755, pour égaler chaque fois l'effort nécessaire à la pente, immédiatement supérieure en rapidité de $1/2$ centimètre.

Cette loi d'accroissement avant la pente de 0^m055 est donc un peu inférieure à celle où il faut arriver avec la pente limite (0^m125), puisque pour celle-ci l'accroissement doit égaler 0^m04, ainsi que nous l'avons vu plus haut.

Il n'est pas à croire que l'augmentation successive de ce chiffre soit parfaitement uniforme dans la réalité des choses ; mais les deux limites sont si rapprochées, qu'elle doit très-peu différer de cette uniformité ; et en supposant celle-ci, on ne risque pas de commettre d'erreur sensible.

C'est d'après ces diverses considérations qu'a été dressé le tableau suivant, indiquant les différentes circonstances du brouettage ascendant, suivant des inclinaisons variables depuis 0, jusqu'à 0^m125 par mètre.

Tableau des efforts nécessaires à l'ascension suivant les diverses pentes.

B DÉSIGNATION des pentes par la hauteur gravie pour centre de base.	ACCROISSEMENT de dépense pour parcourir la même projection horizontale en suivant l'inclinaison immédiatement supérieure de 1/2 centimètre en rapidité.	DÉPENSE afférente à chaque inclinaison, la projection horizontale restant la même et son parcours horizontal étant pris pour unité de dépense.	ALLONGEMENT nécessaire à chaque pente pour équivaloir à une augmentation de rapidité égale à 1/2 centimètre par mètre.	LONGUEUR de la projection horizontale équivalente en dépense pour chaque pente au relai horizontal de 20m.	HAUTEUR répondant dans chaque pente à une distance horizontale de 20m.
a.	b.	c.	d.	e.	f.
0.000	0.03755	1.00000		20.000	0.00
0.005	0.03755	1.03755	1.0000	19.276	0.10
0.01	0.03755	1.07650	0.5000	18.579	0.20
0.015	0.03755	1.1169	0.3333	17.907	0.30
0.02	0.03755	1.1589	0.2500	17.259	0.40
0.025	0.03755	1.2024	0.2000	16.634	0.50
0.03	0.03755	1.2475	0.1666	16.032	0.60
0.035	0.03755	1.2944	0.1428	15.452	0.70
0.04	0.03755	1.3430	0.1250	14.893	0.80
0.045	0.03755	1.3934	0.1111	14.353	0.90
0.05	0.03755	1.4457	0.1000	13.834	1.00
0.055	0.0377133	1.5000	0.0909	13.333	1.10
0.06	0.0378766	1.5563	0.0833	12.851	1.20
0.065	0.0380399	1.6150	0.0769	12.384	1.30
0.07	0.0382032	1.6762	0.0714	11.932	1.40
0.075	0.0383665	1.7395	0.0666	11.498	1.50
0.08	0.0385298	1.8060	0.0625	11.075	1.60
0.085	0.0386931	1.8753	0.0588	10.665	1.70
0.09	0.0388564	1.9475	0.0555	10.260	1.80
0.095	0.0390197	2.0229	0.0526	9.886	1.90
0.100	0.0391830	2.1015	0.0500	9.517	2.00
0.105	0.0393463	2.1837	0.0476	9.159	2.10
0.11	0.0395096	2.2693	0.0454	8.814	2.20
0.115	0.0396729	2.3586	0.0434	8.480	2.30
0.12	0.0398362	2.4517	0.0416	8.158	2.40
0.125	0.04	2.5490	0.0400	7.846	2.50

Maintenant, analysons ce tableau.

La colonne b indique l'accroissement de temps, d'effort ou de dépense qu'il faut pour parcourir la même projection horizontale, en suivant la rapidité immédiatement supérieure de $^1/_2$ centimètre ; de telle sorte que $(1+b)$ est le facteur par lequel il faut multiplier le chiffre de dépense afférent à chaque inclinaison pour passer à la dépense de l'inclinaison supérieure, toujours pour une même projection horizontale. Ces produits successivement effectués composent la colonne suivante (c), qui se trouve être l'expression de la dépense causée par chaque inclinaison, le transport horizontal de la même projection, se trouvant pris pour unité de dépense.

La colonne d indique l'accroissement horizontal qu'il faudrait donner à une distance pour atteindre à la même hauteur que l'inclinaison immédiatement supérieure de $^1/_2$ centimètre ; de telle sorte que $(1+d)$ est le facteur par lequel il faudrait multiplier le temps, l'effort ou la dépense, pour obtenir cet accroissement de hauteur sans augmenter la pente.

Si nous comparons les colonnes b et d, nous trouvons que la première va en augmentant, tandis que la deuxième diminue toujours ; elles se rencontrent à l'inclinaison 0^m125, où l'une et l'autre donnent le chiffre 0^m04. Cette concordance n'est autre chose que la réalisation du premier principe indiqué plus haut comme l'une des bases de la théorie du brouettage.

En parcourant la colonne c on trouve d'abord au droit de l'inclinaison 0^m055, le chiffre 1^m50, qui n'est autre que la réalisation du second principe fondamental.

Puis, si l'on poursuit jusqu'à la dernière inclinaison (0^m125), on trouve 2^m549.

Rappelons ici en passant que, dans l'évaluation des grands travaux de terrassements, l'on a coutume de compter le mouvement ascendant des terres à la brouette, comme s'il s'opérait horizontalement, mais en ayant soin d'ajouter au trajet horizontal véritable, 12 fois la hauteur. Ce qui veut dire en d'autres termes que pour l'inclinaison de $^1/_8$, la dépense serait égale à 2 fois et $^1/_2$ celle que nécessiterait la projection horizontale, horizontalement parcourue.

La dépense tirée de nos calculs pour la même pente, qui est égale à 2^m549, ne diffère donc de la règle usuelle que de $^1/_{10}$ en plus ; les appréciations qui leur ont servi de base se trouvent donc en tout cas assez près de l'usage consacré ; et nous verrons bientôt que le tableau lui-même ramène à une concordance parfaite.

Si au lieu de monter nous avions à descendre, l'effort diminuerait au lieu d'augmenter. L'on admet, en général, que jusqu'à une pente de 0^m055 par mètre, on regagne à la descente ce qu'on aurait perdu en montant suivant la même inclinaison; de telle sorte que si un relai de 20 m. se partageait en deux parties égales, l'une ascendante, et l'autre descendante, le temps ou l'effort exigé pour le brouettage serait le même que pour le relai horizontal, tant que les deux inclinaisons opposées ne dépasseraient pas 0^m055.

Au-dessus, il n'en serait point de même. Il y aurait une fatigue ascendante, et à la descente il faudrait résister à l'entraînement du fardeau; alors une partie des deux efforts s'ajoutant, il n'y a plus compensation.

Les cas de descente suivant une inclinaison supérieure à 0^m055 sont si rares, qu'il n'existe aucune observation capable d'asseoir une règle déterminée. Si ce cas se présentait, peut-être pourrait-on, jusqu'à l'inclinaison de $1/8$, ne pas s'écarter beaucoup de la vérité en faisant subir à la réduction successive de l'effort une diminution égale à l'accroissement d'augmentation qui se montre dans le transport ascendant. Mais, je me hâte de le dire, ce n'est là qu'une induction vague, sans fondement solide ; et si jamais j'étais appelé à étudier un de ces cas, extrêmement rares, il me faudrait une expérience directe pour me rassurer.

Passons maintenant à l'application de ces divers principes.

Soit :

$a\ b\ c\ d$ le demi-profil d'une chaussée en remblai, fig. 3, pl. I.

$d\ e\ f\ g$ le profil de la fouille latérale destinée à fournir le remblai après foisonnement ;

d le point de projection de la ligne du sol, servant de séparation entre les déblais et les remblais, et se trouvant le point de passage obligé de toutes les terres.

Leur mouvement sera donc tout naturellement divisé en deux parties, la sortie du creux des fouilles jusqu'au point d, et l'exhaussement en remblai à partir de ce point.

D'après les principes formulés plus haut, le transport le plus économique consisterait à former la fouille et le remblai suivant des inclinaisons partant toutes du point d, successivemnt plus rapides et arrivant ainsi jusqu'à la ligne $k\ d\ k$, inclinée de $1/8$, au delà de laquelle la même inclinaison doit être maintenue, au risque d'allonger la route soit en obliquant le trajet, soit par tout autre moyen.

Cette variété infinie de pentes jusqu'à la ligne $k\ d\ k$, donnerait des calculs interminables, et, pour leur échapper, on a coutume de n'en considérer qu'une, égale à $1/8$, en supposant horizontal tout le trajet obligé dépassant le développement nécessaire à cette inclinaison. Par là les évaluations sont au-dessus de la réalité, mais de si peu, qu'en aucun cas l'erreur ne mérite d'être remarquée.

D'ailleurs la fouille s'opère mieux par couches horizontales, et pour deux raisons. D'abord la même couche laissant plus de permanence à l'effort nécessaire pour la fouiller, permet de maintenir plus longtemps la même organisation du chantier. Il pourrait y avoir beaucoup de fausses manœuvres s'il fallait à chaque instant changer le nombre ou la force des fouilleurs. En second lieu, lorsqu'une couche est entamée, avant d'ouvrir la couche inférieure, il est avantageux de dégager complétement celle-ci de celle qui la recouvre.

Dans la formation du remblai, la même nécessité ne se produit pas impérieusement, et l'on concevrait à la rigueur qu'elle ne fût point organisée par couches. Toutefois, le pilonage et le régalage se feraient toujours un peu mieux.

Il en résulte, en tout cas, que pour la simplification des calculs ou la représentation plus exacte des choses, les deux triangles $a\ d\ k$, $d\ g\ k$, aussi bien que les deux quadrilatères $b\ c\ d\ k$, $d\ e\ f\ k$, peuvent être soumis à la même loi d'ascension, mais alors en ayant soin de compter en outre, pour les deux triangles, un transport horizontal arrivant jusqu'à la ligne $k\ d\ k$; de telle sorte qu'un point G, par exemple transporté au point G, aura nécessité l'ascension verticale de G, en G suivant une inclinaison de $1/8$, c'est-à-dire de H, en H; et de plus les deux transports horizontaux de G, en H, et de H en G.

Si G et G₁ sont les centres de gravité des deux triangles $a\,d\,k$, $d\,g\,k_1$, leur locomotion horizontale sera mesurée par leur section respective, multipliée, pour le premier par G H, et pour le second par G₁ H₁.

Enfin si nous faisons $a\,d = H$
$$d\,g = H_1$$

Nous aurons :

Mouvement horizontal de $u\,d\,k = \frac{1+v}{54}\,H^k$

Idem. de $d\,g\,k_1 = \frac{1+v}{54}\,H_1^k$

v étant le foisonnement ; et il se trouve compris d'ordinaire entre $\frac{1}{6}$ et $\frac{1}{10}$.

Si c'était 1/8, alors $\left(\frac{1+v}{54}\right)$ deviendrait égal à $\frac{1}{48}$. C'est-à-dire que l'on aurait le diviseur pour le cube des deux bases ; et les calculs se trouveraient simplifiés. Il n'y aurait plus qu'à prendre, dans chaque demi-profil, la moitié de chacune des deux bases ; l'élever au cube ; faire la somme des 4 cubes donnés par les deux demi-profils ; la diviser par 6 ; et multiplier par la distance sur laquelle règne le profil. Toutes ces opérations sont simples, les cubes étant donnés par des tables directes ou par les logarithmes.

Si les deux demi-profils sont pareils, ce qui arrive très-souvent, les calculs se simplifient encore ; on n'a plus alors que deux cubes à ajouter, puis une division par 3 seulement.

C'est ainsi qu'il a été opéré sur toute la ligne de Lourdes à la Garonne, qui a donné des terrassements latéraux sur plus de 1,100 profils.

Reste encore l'ascension des terres suivant la pente de $\frac{1}{6}$. Le produit de la masse totale par le déplacement vertical du centre de gravité en donnera la mesure, et il ne restera plus qu'à appliquer le prix d'un mètre cube élevé à un mètre de hauteur suivant cette inclinaison.

Le déplacement au-dessus du sol n'est autre que la hauteur du centre de gravité du trapèze des remblais, au-dessus du point d ; elle est égale à la demi-hauteur, diminuée du $\frac{1}{6}$ de la hauteur totale multipliée par le rapport de la différence à la somme des deux bases.

Ce sont là des opérations simples en elles-mêmes, mais compliquées par l'étendue des nombres sur lesquels il faut opérer. Heureusement il est un moyen de simplification qu'on peut toujours employer ; il consiste à considérer séparément, d'un côté la partie rectangulaire répondant à l'aplomb du couronnement, d'un autre, les triangles des talus.

Le cube de la première est facilement obtenu en multipliant la section sur l'axe par la largeur du couronnement qui, d'ordinaire, est un nombre simple. Pour la hauteur du centre de gravité, plus de facilité encore, puisqu'elle égale la moitié de la hauteur totale.

Le cube des triangles s'obtient ensuite en retranchant le cube du rectangle du cube total ; et la hauteur du centre de gravité est le $\frac{1}{3}$ de la hauteur totale.

Puis enfin, la réunion de ces deux produits donne le mouvement vertical au-dessus du sol.

Un mouvement semblable au-dessous, c'est-à-dire dans les fouilles, devrait, à la rigueur, exiger des opérations pareilles ; et peut-être alors vaudrait-il mieux chercher le mouvement cumulé du centre de gravité, soit au-dessus, soit au-dessous du sol, pour ne faire qu'un produit par la masse totale des terres, déjà toute calculée ; mais dans la pratique, on peut presque toujours se dispenser du calcul afférent aux fouilles.

Le plus ordinairement elles s'opèrent sur 2 m. de profondeur. C'est un chiffre que semble fixer la nature des choses, pour ainsi dire, instinctivement, et dont on ne s'écarte presque jamais. Une foule de considérations sont résumées, dans ce conseil de l'expérience, depuis la valeur du sol jusqu'aux obstacles causés par les eaux souterraines. Quant à la largeur de la fouille, elle est au contraire fort étendue, en sorte qu'en prenant 1 m. pour déplacement vertical du centre de gravité au-dessous du sol, l'erreur n'atteint jamais 0^m10, et toujours elle est en plus. Si l'on songe d'ailleurs qu'elle diminue à mesure que la section augmente, on est assuré de ne jamais s'écarter notablement de la vérité ; et l'on peut, sans nulle hésitation, accorder ce léger surcroît d'évaluation, en compensation des fausses manœuvres auxquelles un tel chantier, véritable fourmilière, doit être presque toujours exposé.

Alors ce déplacement au-dessous du sol se calcule tout simplement en même temps que l'autre, par l'addition de 1 mètre, soit à la hauteur de la partie rectangulaire, soit à celle du triangle des talus. Au reste, ce procédé dépasse le calcul rigoureux d'une quantité constamment égale à une fois et demie pour chaque demi-profil, trois fois pour les deux moitiés, la longueur où il règne sur l'axe. La correction serait donc bien facile si on la voulait faire.

Ce mode de calcul convient surtout à un avant-projet. Il a été employé sur toute la ligne de Lourdes à la Garonne, sans la dernière diminution, pour être certain de demeurer au-dessus de la vérité.

Il reste à apprécier la dépense pour chaque mètre de déplacement vertical, opéré suivant l'inclinaison de $^1/_8$; et pour cela, il faut reporter ses regards sur le tableau précédent. Il donne, ainsi qu'on l'a déjà vu, 2,549 pour chiffre de cette dépense, en prenant pour unité la dépense occasionnée par le même déplacement s'il s'opérait suivant la base. Et comme celle-ci est égale à 8 fois la hauteur, on aurait, en définitive, 20^m392 pour l'équivalent, en trajet horizontal, de chaque mètre de déplacement vertical.

Ce serait donc 0^m392 de plus qu'on n'a coutume de compter ; et il semblerait au premier aperçu, que la base sur laquelle le tableau est fondé, se trouve un peu trop forte ; mais en regardant de plus près, on reconnaît bientôt que sa concordance n'en est que plus parfaite avec la réalité des choses.

Ce chiffre de 2,549 donné par le tableau, appartient seulement à la pente de $^1/_8$. Mais au-dessous les chiffres sont différents, et ils donnent une dépense d'ascension un peu moindre. La moyenne entre toutes ces pentes inférieures fournirait pour équivalent d'un mètre d'ascension verticale, 18^m442 (1). Il devrait s'appliquer aux deux triangles $a\,d\,k$, $d\,g\,k_1$. Le chiffre de 20^m392 doit donc diminuer pour ce motif.

_____

(1) Supposons à toutes ces pentes 1 m. de base, les hauteurs réunies égaleront alors le total de la

La moyenne entre les deux serait 19ᵐ417. Mais en songeant que la quantité de terres gravissant rigoureusement suivant la pente de ¹/₈, est d'ordinaire beaucoup plus considérable que la réunion des deux triangles $a\,d\,k$, $d\,g\,k_1$; en considérant d'autre part ce que nous avons dit précédemment de l'utilité qu'il y a à opérer la fouille par couches horizontales et non suivant les diverses pentes possibles; on voit que le chiffre réel se rapprochant davantage des 20ᵐ392, se trouve supérieur à cette moyenne, et l'on arrive ainsi au chiffre rond de 20 m. par l'analyse rigoureuse de la question, tout comme par une longue pratique des choses qui semble l'avoir irrévocablement établi.

En résumé, le brouettage avec ascension se divise donc en deux parties :

1° Le déplacement vertical mesuré par le déplacement général du centre de gravité en comptant chaque mètre équivalent à un parcours horizontal de 20 m.

2° Un complément horizontal pour la partie seulement des terres qui a pu se déplacer suivant une pente inferieure à ¹/₈, et ce complément est mesuré par la somme des cubes des bases divisée par 48.

Ce n'est point là la méthode de classement et de décomposition ordinairement suivie ; on a coutume de considérer toute la masse comme se déplaçant horizontalement, et de n'ajouter alors pour chaque mètre de déplacement vertical que 12 m. horizontaux.

Il semble au premier abord que le résultat doit être identique, car la base, égale à 8 fois la hauteur, se trouvant comptée d'un côté, puis ajoutée à 12 fois cette même hauteur, donne bien les 20 fois que nous comptons nous-mêmes. La concordance est en effet évidemment complète pour les deux triangles $a\,d\,k$, $g\,d\,k_1$; mais il n'en est pas de même du reste des terres. La méthode ordinaire est erronée en ce sens que pour les deux quadrilatères qui, dans leur mouvement vertical, sont obligés d'allonger le trajet naturel, elle ne tient pas compte de cet allongement. Pour qu'elle fût exacte, il faudrait que le calcul du déplacement horizontal du centre de gravité de la masse entière fût fait en supposant les deux quadrilatères $b\,c\,d\,k$, $d\,e\,f\,k_1$ horizontalement concentrés sur la ligne $k\,d\,k_1$, au lieu de les rapprocher entre eux, ainsi que la méthode ordinaire le suppose, jusqu'à la ligne $c\,d\,e$. En d'autres termes, l'erreur de l'évaluation de la méthode usitée est égale au déplacement horizontal qu'il faudrait faire subir à ces deux quadrilatères pour les ramener jusqu'à la ligne $k\,d\,k_1$, et ce déplacement peut être très-important, car il est évidemment supérieur à celui des deux triangles vers la même ligne, qui nous a donné de Lourdes à la Garonne une dépense de près de 500 mille francs. Cette erreur de la méthode ordinaire est funeste par son étendue et aussi parce que toujours elle diminue l'évaluation : elle est donc de la pire espèce, et l'on ne saurait trop faire pour lui échapper.

Erreur en moins
de la méthode ordinaire
d'évaluation.

colonne 4, c'est-à-dire 1ᵐ625, chiffre pour lequel il faudrait 13 m. de base pour une inclinaison de un huitième. Or, les 26 pentes réunies auraient 26 m. de base; ce serait donc, en définitive, le total de la colonne C, c'est-à-dire 42ᵐ969 pour dépense accumulée d'un déplacement horizontal de 13 m. et d'un déplacement vertical de 1ᵐ625; le déplacement horizontal à 1 m. étant pris pour unité. il resterait alors 29ᵐ969 pour 1ᵐ625 de hauteur, ou 18ᵐ442 par mètre.

La méthode que je propose de lui substituer, et que j'ai employée, semble tout d'abord plus compliquée dans ses aperçus; mais en définitif les calculs, dans l'application, ne sont ni plus difficiles, ni plus longs, et pour elle reste toujours le précieux avantage d'être l'expression fidèle de la réalité des choses.

Application des principes aux déblais retroussés. Forme des cavaliers la plus économique.

Pour la faire apprécier complétement, il me reste à indiquer quelle est alors la disposition qu'il convient de donner aux masses de terre excédantes, dont il faut souvent faire dépôt tout le long d'un déblai. C'est, en termes techniques, la détermination du profil des *cavaliers*, rendant la dépense la moindre possible.

La première condition à remplir ici, c'est de former un isopérimètre ; c'est-à-dire de donner au remblai une forme telle que les terres, pour être apportées en un point quelconque de la surface, exigent la même dépense.

C'est là ce qu'apprend le calcul des variations; et même, en dehors de lui, il est aisé de se rendre compte de cette loi par des considérations simples à la portée de tout le monde. Chacun comprend, en effet, que s'il en était autrement, on pourrait toujours obtenir une économie en supposant une partie des terres du point le plus coûteux, portée au point le moins cher; déplacement qui pourrait toujours avoir été fait, à moins qu'il n'en résultât une inclinaison superficielle où les terres ne se pourraient plus tenir, c'est-à-dire supérieure à 1 m. de hauteur sur 1 et $\frac{1}{2}$ de base.

Pour satisfaire à cette condition d'égalité superficielle, ne perdons pas de vue que la loi des frais de transport sera différente selon que la terre sera déposée au-dessus ou au-dessous d'une ligne inclinée de $\frac{1}{8}$.

Au-dessus de cette ligne, la dépense ne dépend que de la hauteur. Pour qu'il y ait égalité superficielle, il faut donc que la surface y soit une horizontale.

Au-dessous, la dépense se compose d'abord de l'ascension verticale, puis d'un déplacement horizontal compté depuis cette inclinaison séparative. Pour qu'il y ait ici égalité superficielle, il faut donc qu'en s'élevant l'accroissement de dépense ascensionnelle qui en résulte nécessairement soit compensé par une diminution équivalente dans le déplacement horizontal, qui seul peut diminuer malgré l'ascension. Or, la dépense ascensionnelle est égale, nous l'avons vu plus haut, à 20 fois le prix du même déplacement opéré horizontalement ; il faut donc que chaque horizontale, comprise entre l'inclinaison d'un $\frac{1}{8}$ et la surface extérieure du remblai, diminue d'une quantité égale à 20 fois l'augmentation de la hauteur. Mais il y a déjà 8 fois la hauteur retranchée par l'ascension le long de la ligne séparative inclinée de $\frac{1}{8}$, il n'en faudra donc plus que 12 du côté de la surface extérieure. Ainsi, en dernière analyse, cette surface devra être telle que sa différentielle horizontale soit égale à 12 fois sa différentielle verticale ; c'est dire en d'autres termes qu'elle doit affecter la forme d'une ligne droite inclinée à $\frac{1}{12}$ et en contre-pente avec la ligne séparative.

Le sol étant horizontal et fourni gratuitement.

Pour fixer nos idées, jetons les yeux sur la fig. 4, pl. I.

d est le pied du remblai.

d k est la ligne inclinée à $\frac{1}{8}$.

d c est le maximum de rapidité que puisse comporter la surface extérieure du remblai ; c'est une inclinaison égale à $\frac{2}{3}$.

d a est la ligne du sol.

h est la hauteur au-dessus du point *d* de la ligne *b c*, couronnant le remblai.

Toutes les terres viennent donc passer au point d, et la dépense qu'il a fallu pour arriver jusque-là, est indépendante de la forme du remblai. La dépense variable qu'il faut rendre un minimum, est donc seulement celle qui reste à faire à partir de ce point.

D'abord, il est clair qu'il faut prendre sur le devant du remblai pour sa terminaison, la ligne la plus rapide, afin de donner à l'angle adc, la capacité la plus grande et de rapprocher ainsi le plus possible la masse du remblai du point d, soit verticalement, soit horizontalement. La ligne bc terminant le remblai entre dc et dk doit être horizontale, ainsi que nous l'avons dit plus haut, pour qu'il y ait égalité superficielle ; alors le transport, en un point quelconque de bc, aura la même valeur ; car, partout, il sera équivalent à un transport horizontal mesuré par 20 fois la hauteur au-dessus du point fixe d.

La ligne ba, terminant le remblai à partir du point b, doit avoir pour inclinaison $^{1}/_{12}$, nous l'avons déjà expliqué ; alors seulement, en passant d'une hauteur à une autre, la ligne horizontale comprise entre dk et ab diminuant de 8 fois la hauteur à droite, de 12 fois à gauche, en tout vingt fois, compense précisément la dépense causée par l'accroissement de hauteur. La somme des deux dépenses demeure la même, et il n'est plus possible de trouver une modification quelconque à la surface, qui donne une économie, aussi longtemps qu'on n'a point égard à la valeur du sol occupé.

Il faut remarquer que le point b appartenant à la fois à la ligne bc du couronnement, et à la ligne ba du talus extérieur, il établit l'égalité superficielle entre ces deux lignes, en sorte que de a en c tous les points de la surface causeraient les mêmes frais, et tout dérangement dans cette surface augmenterait la dépense, car ce qui passerait au-dessus coûterait plus cher que laissé à la place précédemment occupée au-dessous.

Quant à la ligne cd, talus antérieur du remblai, elle ne participe pas à l'égalité superficielle, mais se trouvant à la limite de l'inclinaison, il n'est possible de lui rien ajouter.

C'est donc bien là l'isopérimètre qui doit donner un minimum de dépense, et il ne reste plus qu'à déterminer la position de la ligne de couronnement bc, de manière à donner à la section $abcd$ une superficie égale à la section du déblai, avec son foisonnement.

Alors représentant pour plus de généralité :

Par t le contre-talus du remblai, c'est-à-dire le rapport de la base à la hauteur pour la rapidité la plus grande qu'on puisse donner aux terres, et que nous avons dit être égal ordinairement à $^{3}/_{2}$ ou 1^m50 ;

Par p le contre-talus de l'ascension des terres que nous avons dit être égal à 8 ;

Par r le rapport du prix de transport vertical suivant l'inclinaison de $^{1}/_{12}$ au transport horizontal ; rapport que nous avons vu être égal à 20 ;

Par b la base ad ;

Par h la hauteur du couronnement au-dessus du point d.

On aura :

$$h = \frac{1}{r}b \qquad bc = h\,(p-t) = \frac{p-t}{r}\,b$$

Surface $b\,c\,d = \frac{1}{2}\,h\,b = \frac{p-t}{2\,r^2}\,b^2$ (A)

Dépense du triangle $b\,c\,d =$ surf. $b\,c\,d \times r \times h \times \frac{1}{3} = \frac{p-t}{3\,r^2}\,b^3$ (B)

D'autre part :

Surface du triangle $a\,b\,d = \frac{1}{2}\,b\,h = \frac{1}{2r}\,b^2$ (C)

Dépense du triangle $a\,b\,d =$ surf. $a\,b\,d \times (\frac{1}{3}hr+\frac{2}{3}b)=\frac{1}{3r}\,b^3$ (D)

Et enfin la valeur de b par l'équation ;

Surf. $b\,c\,d$ + surf. $a\,b\,d =$ S. S étant la section connue du déblai avec son foisonnement.

Cette équation s'écrit ainsi :

$$\frac{p-t}{2r^2}\,b^2 +\frac{1}{2r}\,b^2 = S. \text{ d'où } b^2 = \frac{2S}{\alpha}$$

α étant égal à $\frac{1}{r}(1+\frac{p-t}{r})$

Alors $b= \sqrt{\frac{2}{\alpha}}\;\sqrt{S}$ puis par suite $h=\frac{1}{r}\,\sqrt{\frac{2}{\alpha}}\;\sqrt{S}$

La dépense de la section du cavalier $= \frac{2}{3r}\,\sqrt{\frac{2}{\alpha}}\;S^{\frac{3}{2}}$.

Enfin, mettant à la place de r, p, t, leur valeur indiquée plus haut, il vient :

$$\alpha = 0,06625$$
$$b = 5.4962\,\sqrt{S}$$
$$h = 0.2748\,\sqrt{S}$$

Dépense du cavalier $= 0, 1832.\ S^{\frac{3}{2}}$

Le sol étant horizontal, mais non gratuit.

Jusque-là, nous avons supposé sans valeur, ou gratuitement fourni, le sol occupé par le remblai. Mais, s'il faut le payer, ce qui arrive le plus souvent, ce prix entre dans la dépense et modifie la forme du cavalier.

Alors, au lieu de prolonger le derrière du remblai autant que le comporte l'inclinaison $b\,a$, il faut le rapprocher de manière à diminuer le plus possible la base $d\,a$; et de même qu'au point d il a fallu prendre l'inclinaison la plus forte pour rendre la capacité de l'angle $a\,d\,c$ la plus grande possible, de même, sur le derrière du remblai, il faut recourir à cette inclinaison pour découvrir ainsi la plus grande partie du sol.

Soit e le point où se transporte ainsi le point a sur le sol ;

$e\,e'$ le talus de derrière incliné suivant 1 de hauteur pour 1 $^1/_2$ de base ;

$b'\,c'$ les points où se transportent les points b, c; $e'\,b'$ et $b'\,c'$ étant parallèles à $a\,b$ et $b\,c$.

Alors l'égalité superficielle ne règne plus que de c' en e'; mais $e\,e'$ et $c'\,d$ ayant le maximum d'inclinaison, aucun dépôt de terre ne peut venir s'y placer sans descendre aussitôt jusqu'au sol, et exiger une dépense de plus par le prix du surcroît de superficie occupée. Le minimum calculé pour cette forme sera donc le minimum absolu.

Il ne reste plus alors qu'à déterminer la position de l'arrière-talus $e\,e'$, de manière à donner une section $e\,e'\,b'\,c'\,d$ égale à S et un minimum de dépense, *y compris la valeur du sol occupé.*

Ces deux conditions déterminent d'abord les deux bases $a'\,d$ et $a'\,e$. Puis, leur différence donne la base $e\,d$ du remblai, qui est la chose essentielle à connaître, car une fois fixée, tout le cavalier se détermine presque de lui-même.

Pour plus de simplicité, représentons :

$a'\,d$ par b

$a'e$ par b_1

La hauteur de b' au-dessus de d, par h

La hauteur pareille de e' par h_1

Nous aurons :

Surface $e\,e'\,b'\,c'\,d =$ triangle $d\,b'\,c'$ + triangle $d\,b'\,a'$ — triangle $a'\,e\,e' =$ S. (E)

Dépense de la surface $e\,e'\,b'\,c'\,d =$ dépense du triangle $d\,b'\,c'$ + dépense du triangle $d\,b'\,a'$ — dépense du triangle $a'\,e\,e'$ + valeur de la surface du sol occupé = un minimum (F).

Nous avons déjà calculé, dans le cas précédent, les deux premières surfaces et dépenses (A) (B) (C) (D). Il nous reste donc seulement à nous occuper du triangle $a'\,e\,e'$; car, pour la surface du sol, elle sera immédiatement donnée par la différence entre b et b_1.

Nous avons :

$$h_1 = \frac{1}{r-p-t}\, b_1$$

$$\text{Surface } a'\,e\,e' = \tfrac{1}{2} b_1\, h_1 = \tfrac{1}{2}\,\frac{1}{r-p-t}\, b_1{}^2 = \tfrac{s}{2}\, b_1{}^2$$

$$\text{En faisant } \frac{1}{r-p-t} = s$$

La dépense du triangle $a'\,e\,e' =$ surface $a'\,e\,e'\,(\tfrac{1}{3} h_1\, r + b - \tfrac{1}{3} h_1\, r - \tfrac{1}{3} b_1) =$ surface $a\,e\,e'\,(b - \tfrac{1}{3} b_1) = \tfrac{s}{2}\, b_1{}^2\,(b - b \tfrac{1}{3})$

L'équation (E) devient alors :

$$\tfrac{s}{2}\, b^2 - \tfrac{s}{2}\, b_1{}^2 = \text{S (G)}$$

Et l'équation (F) :

$$\frac{p-t}{3\,r^2}\, b^3 + \frac{1}{3r}\, b^2 - \tfrac{s}{2}\, b_1{}^2\,(b - \frac{b_1}{3}) + n\,(b - b_1) = \text{un minimum.}$$

n étant le rapport du prix du mètre carré de sol au prix du transport horizontal à un mètre d'un mètre cube de terrassement.

Cette équation peut se mettre aussi sous la forme :

$$\tfrac{s}{3}\, b^3 - \tfrac{s}{2}\, b\, b_1{}^2 + \tfrac{s}{6}\, b_1{}^3 + n\, b - n\, b_1 = \text{un minimum.}$$

Différentiant il vient :

$$n\,b^3 - {}_\beta b\,b_1\frac{d\,b_1}{d\,b} - \frac{\beta}{2}\,b_1{}^2 + \frac{\beta}{2}\,b_1{}^2\frac{d\,b_1}{d\,b} + n - n\frac{d\,b_1}{d\,b} = 0$$

Qui peut se mettre sous la forme :

$$b\,(b - {}_\beta\,b_1\frac{d\,b_1}{d\,b}) + (\frac{\beta}{2}\,b_1{}^2 - n)\,(\frac{d\,b_1}{d\,b} - 1) = 0\ (\mathrm{K})$$

Or l'équation (G) différentiée donne :

$$b - {}_\beta\,b_1\frac{d\,b_1}{d\,b} = 0\ (\mathrm{L})$$

L'équation (K) devient donc $(\frac{\beta}{2}b_1{}^2 - n)\,(\frac{d\,b_1}{d\,b} - 1) = 0$

C'est-à-dire : $\frac{d\,b_1}{d\,b} - 1 = 0$ ou bien $\frac{\beta}{2}\,b_1{}^2 - n = 0$.

La première égalité n'a ici aucune signification, puisque b et b_1 seraient alors déterminés indépendamment de n, ce qui est absurde.

La deuxième donne la véritable relation et la valeur de b_1 qui est alors :

$$\sqrt{\frac{2}{\beta}}\ \sqrt{n}$$

Quant à la valeur de b elle se tire de l'équation (G,)

Et l'on a : $b = \sqrt{\frac{2}{\alpha}}\ \sqrt{S + n}$

enfin par suite

(la base du remblai)$= b - b_1 = \sqrt{\frac{2}{\alpha}}\ \sqrt{S + n} - \sqrt{\frac{2}{\beta}}\ \sqrt{n}$

la hauteur du premier talus $= h_1 = {}_\beta\sqrt{\frac{2}{\beta}}\ \sqrt{n} = \sqrt{2\beta}\ \sqrt{n}$

la hauteur du couronnement $= h = \frac{1}{r}\sqrt{\frac{2}{\alpha}}\ \sqrt{S + n}$

dépense de la section du cavalier $= \frac{1}{3r}b^3 - \frac{2}{3}\,nb_1 = \frac{2}{3r}\sqrt{\frac{2}{\alpha}}\,(S + n)^{\frac{3}{2}} - \frac{2}{3}\sqrt{\frac{2}{\beta}}\,n^{\frac{3}{2}}$

Si l'on met à la place de r, α et β leurs valeurs respectives égales à 20 ; 0,06625 ; 0,095238,

Ces équations deviennent.

$$b - b' = 5.4962\sqrt{S + n} - 4.5825\sqrt{n}$$

$$h_1 = 0.4364\sqrt{n}$$

$$h = 0.2748\sqrt{S + n}$$

Dépense $= 0.1832\,(S + n)^{\frac{3}{2}} - 3.0550.n^{\frac{3}{2}}$

Expressions fort simples, faciles à réduire en nombre dès que l'on connaîtra les valeurs de S et de n.

La première peut varier à chaque profil, mais il n'en est pas de même de n qui reste constant sur de grandes longueurs ; la constance de h_1 en sera la suite, et dans la valeur de $b-b_i$ basé du remblai, le terme en $\sqrt{n}$ se trouvera calculé une fois pour toutes.

La solution que nous venons d'analyser prend la question dans toute sa généralité pourvu que le sol soit horizontal.

C'est le cas le plus ordinaire; tout au moins l'état réel des choses s'en écarte très-peu. Cependant comme il peut devenir intéressant, quelquefois, de tenir compte de l'inclinaison du sol, pour ne rien laisser d'incertain, je vais examiner cette hypothèse, la plus générale de toutes.

Désignons par s la contre-inclinaison du sol, c'est-à-dire le rapport de la base à la hauteur, et soit $d\,e'''$ sa trace, au lieu de l'horizontale $d\,a'$.

Toutes les considérations du cas précédent sont applicables ici, pourvu que l'on retranche de la section totale, égalée précédemment à S, le petit triangle $e\,e'''d$; puis de la dépense en mouvement de terres, celle du même triangle; enfin du prix du sol, celui de la surface $e\,P$, projection de $e\,e'''$.

On a alors, au lieu des équations (G) (L) (K), les trois suivantes:

$$\frac{\alpha}{2}b^2 - \frac{\beta}{2}b_1^2 - \frac{\gamma}{2}b_2^2 = S \ (M)$$

$$\alpha b - \beta b_1 \frac{db_1}{db} - \gamma b_2 \frac{db_2}{db} = o \ (N)$$

$$b\left(\alpha b - \beta b_1\frac{db_1}{db}\right)+\left(\frac{\beta}{2}b_1^2 - n\right)\left(\frac{db_1}{db}-1\right) - \frac{\gamma}{2}\left(2+\frac{\gamma}{\beta}\right)b_2^2\frac{db_2}{db} - \iota n\frac{db_2}{db}=o \ (P)$$

En faisant $\dfrac{1}{s+\iota}=\gamma$ et $b-b_1=b_2 \ (R)$

Ici $\alpha b - \beta b_1\dfrac{db_1}{db}$ n'est point, comme dans le cas précédent, égal à o; puisque d'après l'équation (N) il égale $\gamma b_2\dfrac{db_2}{db}$.

La même simplification n'est donc plus réalisable, mais il en est une autre qui apparaît bientôt par un peu de réflexion: $\dfrac{db_1}{db}-1$ est égal aussi de son côté à $-\dfrac{db_2}{db}$ d'après l'équation (R) différentiée; en sorte que tous les termes de l'équation (P) peuvent être conduits à contenir en facteur la quantité $\dfrac{db_2}{db}$, qui dès lors s'élimine-ra d'elle-même.

Cette équation devient en effet:

$$\left\{\gamma b b_2 - \frac{\beta}{2}b_1^2 + n - \frac{\gamma}{2}\left(2+\frac{\gamma}{\beta}\right)b_2^2 - \iota n\right\}\frac{db_2}{db}=0$$

$\dfrac{db_2}{db}=0$ n'a ici aucune signification, puisque alors b et b_1 se trouveraient déterminés indépendamment de n; la seule relation à satisfaire est donc celle-ci:

$$\gamma b b_2 - \frac{\beta}{2}b_1^2 + n - \frac{\gamma}{2}\left(2+\frac{\gamma}{\beta}\right)b_2^2 - \iota n = 0. \ (Q)$$

Le sol étant incliné
et payé.

qui, jointe à l'équation (M) et à la relation conventionnelle (R) $b - b_i = b_i$, sert à déterminer les trois quantités b, b_i, b_2.

L'élimination semble d'abord devoir être compliquée et conduire à une équation d'un degré supérieur , d'une solution difficile ; mais on peut remarquer dans tous les termes où figurent les inconnues, que la somme de leurs exposants est toujours égale à 2 : alors on ne peut manquer d'arriver à une équation finale du 4me degré, où l'inconnue ne se trouvera qu'à des puissances pair ; elle pourra donc se résoudre comme le 2me degré.

En effet, en éliminant d'abord le terme en b_1^2 de l'équation (Q) au moyen de l'équation (M); puis de la dernière obtenue le terme en b^2, au moyen encore de l'équation (M) combinée avec l'équation (R), on arrive à la valeur de $b\,b_i$ en fonction de b_2 seulement ; puis enfin à l'équation dernière

$$b_2^4 - 2\,C\,b_2^2 - D = 0$$

en écrivant :

$$C = \frac{(\beta - \alpha)\,AB - B_\beta - S}{(\beta - \alpha)\,A^2 + \gamma + \beta + 2\,\beta\,A}$$

$$D = \frac{(\beta - \alpha)B^2}{(\beta - \alpha)A^2 + \gamma + \beta + 2\,\beta\,A}$$

$$A = \frac{\frac{\gamma}{\alpha}\left(1 + \frac{\gamma}{\beta}\right) - \frac{\gamma + \beta}{\alpha - \beta}}{2\left(\frac{\gamma}{\alpha} - \frac{\beta}{\alpha - \beta}\right)}$$

$$B = \frac{S\left(\frac{1}{\alpha} + \frac{1}{\alpha - \beta}\right) + \frac{n}{\alpha}\left(\frac{1}{\gamma} - t\right)}{\frac{\gamma}{\alpha} - \frac{\beta}{\alpha - \beta}}$$

On en tire aussitôt :

$$b_2 = \sqrt{C + \sqrt{C^2 + D}}$$

Or $b_2 - t_\gamma b_2$ étant la projection horizontale de la base du remblai, en multipliant la valeur de b_2 par $1 - t_\gamma$, on aura, sur le sol , l'arête extérieure du remblai, ainsi que toutes les autres dimensions qui s'en déduiront immédiatement au moyen des relations que nous avons établies successivement.

Si le terrain descendait à partir du point d, au lieu de monter , pourvu qu'il ne dépassât point l'inclinaison de 0^{m}055 par mètre, jusqu'à laquelle nous avons vu la loi de l'ascension se maintenir à la descente, des considérations analogues conduiraient à la même équation ; seulement il faudrait prendre s avec le signe $-$; γ deviendrait alors $-\dfrac{1}{s - t_i}$ et tout se modifierait comme si la question était directement analysée.

Application aux fouilles, pour emprunts, des principes exposés à l'occasion des cavaliers de retroussement.

Nous venons de déterminer le profil des remblais retroussés ; mais on peut être aussi appelé à faire des emprunts , et la forme à donner à ces excavations n'est pas indifférente , si l'on veut avoir la moindre dépense.

Ici la question se complique de l'extraction. A mesure qu'on approfondit la fouille, il est certain que le prix du déblai emprunté change par ce seul fait, et s'accroît d'ordinaire. Cette donnée introduirait dans le calcul des variations une difficulté à peu près insoluble, si l'on voulait avoir égard à cette variabilité ; et les équations auxquelles on arriverait résisteraient aux procédés algébriques. Je me dispenserai donc de cet exercice d'analyse ; d'autant mieux que dans le plus grand nombre de cas il n'y a pas à s'occuper de la forme à donner aux excavations pour remblais d'emprunt.

En effet, lorsqu'il s'agit de fouiller le sol, on est presque toujours limité dans la profondeur par les eaux souterraines. On ne descend guère au-dessous de 2 m., et dans cette hauteur, le prix de fouille ne varie pas tellement qu'on ne puisse prendre sans erreur notable la moyenne pour une constante régnant en tous points. Alors la question de la moindre dépense et la forme du déblai se résolvent par les mêmes considérations que pour les remblais retroussés. Il y a seulement cette différence, que t représentant la contre-inclinaison des talus, est égal, dans le cas du déblai retroussé, à 1.50, et dans celui du remblai d'emprunt, à 1 seulement. Tout le reste est absolument identique. Les mêmes équations, les mêmes formules conduisent à la détermination de toutes les dispositions nécessaires et de toutes les dimensions.

Maintenant, pour compléter le problème du brouettage, je n'ai plus qu'à fixer le prix réel du transport horizontal pour un mètre cube de terre à un mètre de distance. C'est ce prix qui, dans toute l'analyse précédente, a été choisi pour unité de dépense.

Prix du transport horizontal pris pour unité de dépense dans le brouettage.

Ce n'est donc plus qu'une question d'expérience ; c'est un seul chiffre à déterminer, et s'il arrivait qu'il se trouvât entaché de quelque erreur, la théorie précédente n'en éprouverait aucune atteinte ; l'erreur, dès qu'elle serait reconnue, se corrigerait par une seule multiplication.

Si l'on jette les yeux sur les grandes expériences rapportées par les divers auteurs, on trouve que le transport horizontal de 1 m. de terre à un relai de 20 m. varie entre 0m30 et 0m40 d'heure d'ouvrier brouetteur, c'est-à-dire entre 0,03 et 0,04 de journée d'un manœuvre ordinaire. Les indications les plus nombreuses se rapprochent du premier nombre ; ainsi l'on se tient un peu au-dessus de la vraisemblance en prenant 0,035 ; c'est ce chiffre que j'ai adopté dans mes évaluations.

Enfin, et c'est par là que je terminerai mes observations sur le brouettage, si l'on met en présence le prix du jet de pelle, opération unique, et celui du brouettage compliqué de la charge, on en conclut immédiatement les principes suivants :

Rapprochement entre le transport à la brouette et le jet de pelle.

1° Toutes les fois que le déplacement peut s'opérer par un seul jet, il y a avantage à s'en tenir à la pelle.

2° Si 2 jets sont nécessaires, il y a avantage à prendre la brouette tant que l'ascension n'arrive pas à 1m28, la base étant alors 5,60.

3° Si 3 jets sont nécessaires, la brouette conserve son avantage tant que l'ascension n'atteint pas 3 m., la base étant alors 5m70.

Et l'on voit, sans qu'il soit besoin de continuer, que dans les remblais ordinaires occasionnés par les chaussées, les distances horizontales à franchir étant plus fortes que les nombres successivement indiqués, au delà d'un jet de pelle il faut à peu près toujours recourir à la brouette.

§ IV. Transport par Tombereaux.

Considérations générales. Le transport par tombereaux présente aussi trois opérations principales, la charge le voiturage, et la décharge ; la première et la dernière réunies ordinairement, et se répétant l'une et l'autre comme le volume transporté, tandis que le voiturage est proportionnel au produit du cube par la distance.

Ce sont, on le voit, les mêmes principes que pour le transport à la brouette. Il y a cependant une différence importante : le matériel nécessaire, la charge et la décharge, sont, dans le brouettage, réduits à l'état de simplicité le plus grand ; tandis qu'en prenant le tombereau, ces trois éléments du transport se compliquent, la charge surtout. Et cette complication ne résulte pas seulement de l'exhaussement du jet de pelle, elle provient principalement du temps que l'attelage est obligé de perdre. Je dis *obligé*, et je vais le prouver.

D'abord les chantiers où le chargement a lieu sont presque toujours trop resserrés pour permettre d'y tenir à la fois un grand nombre de tombereaux. L'on est d'ordinaire forcé de le réduire le plus possible, et l'on se trouve condamné à cette alternative, ou de remplir les tombereaux seulement au fur et à mesure de leur arrivée, faisant ainsi perdre à l'attelage tout le temps que dure ce chargement ; ou bien de former à une certaine distance de la fouille un chantier de réserve où s'échangent les tombereaux de départ tout chargés, contre les tombereaux de retour tout vides.

Il semble au premier abord que cette dernière disposition doit présenter une économie ; mais sitôt qu'on détaille ses faux frais, on n'est plus étonné de voir la pratique la délaisser presque dans tous les cas.

On trouve en effet :

1º Pour faire un voyage, chaque tombereau attelé et dételé trois fois : au lieu de chargement ; à son entrée plein au chantier de réserve ou à sa sortie vide ; enfin à sa sortie plein, du même lieu, et à son retour vide.

2º Chaque attelage ne gardant pas son tombereau, et celui-ci ne pouvant plus dès lors appartenir à son conducteur, qui cesse d'être intéressé à le bien conduire.

3º Impossibilité d'utiliser pour les terrassements les tombereaux existant déjà dans toutes mains pour une foule d'autres usages, et nécessité d'un matériel tout spécial ; partant un capital de plus.

Il est de toute évidence qu'il y a moins à perdre à laisser à chaque attelage toujours le même tombereau, au risque d'un temps de repos pendant la charge ; favorable après tout à la force des animaux, et que d'ailleurs on peut beaucoup réduire, en disposant l'atelier de manière à accélérer le plus possible le chargement.

C'est le procédé que la pratique conseille, et l'on a coutume de compter, pour un mètre cube de terres transportées de cette manière, $1/_4$ d'heure perdu pendant sa charge, ce qui fait 10 à 12 minutes par chargement de tombereau.

Prix de la charge réunie à la décharge. Quant à la charge proprement dite et à la décharge, elles exigent évidemment quelques efforts de plus dans l'emploi de la brouette, mais la différence est petite. L'expérience apprend qu'elle n'est que de $1/_9$; c'est-à-dire, que de 0,045 de journée de manœuvre, elle s'élève à 0,05.

Reste enfin le voiturage proprement dit. Ici, l'avantage est tout entier du côté des tombereaux. Le même effet utile obtenu par les animaux ainsi attelés est notablement moins cher et mieux employé que lorsque les hommes voiturent eux-mêmes, à la brouette.

En effet, nous avons vu le brouettage d'un mètre cube exiger 0,035 de journée de manœuvre pour 20 m. horizontalement, ce qui ferait 1 j.75 pour 1,000 m.; tandis que le voiturage à 1000 m. fait par tombereau attelé de 2 chevaux n'exige que 00,65 de journée (environ 40 minutes), moins que le $^1/_{24}$ du temps. Cependant une journée d'attelage de 2 chevaux avec tombereau et conducteur se paye rarement plus de 7 fois le prix d'une journée de manœuvre (1).

Si le tombereau était attelé de trois chevaux, le temps nécessaire au même transport se réduirait à 0 j.0 0, et le prix de l'attelage s'accroîtrait dans une proportion moindre que la décroissance du temps ; mais aussi le prix du temps perdu à la charge deviendrait plus grand.

Si l'attelage n'avait qu'un seul cheval, le voiturage à 1,000 m. exigerait 0 j.14 de journée. Il deviendrait donc plus cher ; mais le prix du temps perdu serait moindre.

En résumé, nous voyons la dépense de la charge avec ses accessoires croître successivement, pendant que le prix du transport proprement dit diminue, en passant de la brouette au tombereau attelé d'un cheval, puis à l'attelage de 2 chevaux, puis à celui de 3. Chacun de ces modes de transport doit donc rencontrer des distances qui limitent l'utilité de son emploi, et les points de séparation doivent être déterminés par la condition de se trouver indifférents à l'un ou à l'autre des deux modes voisins. On est ainsi conduit à des équations simples qu'il est facile d'établir.

Soit :

$m =$ le prix de la journée de manœuvre.
$t_1 =$ id.   id.   tombereau à un cheval avec conducteur.
$t_2 =$ id.   id.   id.   à 2 chevaux.
$t_3 =$ id.   id.   id.   à 3 chevaux.

Nous aurons successivement, d'après nos indications précédentes, pour expression de la dépense de la charge et de la décharge d'un mètre cube, y compris le temps perdu par l'attelage :

$0,05 m + 0,025 t_1$ pour un cheval.
$0,05 m + 0,025 t_2$ pour 2 chevaux.
$0,05 m + 0,025 t_3$ pour 3 chevaux.

D'un autre côté, nous aurons pour le voiturage à 1 m.

$0,000140 t_1$ pour 1 cheval.
$0,000065 t_2$ pour 2 chevaux.
$0,000040 t_3$ pour 3 chevaux.

(1) La journée de manœuvre se paye à Paris 2 f. 50 c. ; celle de l'attelage à deux chevaux , 12 f. 80 c. (entre cinq et six fois) Sur la ligne des Pyrénées, ces mêmes prix sont 1 f. 25 c. et 8 f. 60 c. (entre six et sept fois).

La dépense totale d'un mètre cube transporté sera donc donnée par les trois expressions suivantes :

$$0,05\ m + t_1\ (0,025 + 0,000140\ D)$$
$$0,05\ m + t_2\ (0,025 + 0,000065\ D)$$
$$0,05\ m + t_3\ (0,025 + 0,000040\ D)$$

D étant la distance du transport exprimée en mètres.

Point de séparation où cesse l'utilité de chaque attelage et de la brouette. Le point de séparation entre le voiturage à un cheval et à 2 chevaux sera donc donné par l'équation :

$$t_1\ (0,025 + 0,00014\ D) = t_2\ (0,025 + 0,000065\ D)$$

Et la séparation entre 2 et 3 chevaux par :

$$t_2\ (0,025 + 0,000065\ D) = t_3\ (0,025 + 0,000040\ D).$$

Enfin, si l'on voulait le point de séparation entre la brouette et le tombereau à un cheval, il faudrait se rappeler que la première donnerait pour dépense de 1 m. cube transporté à 1 m., $0,045\ m$ pour charge et $\frac{0,035}{20}\ m$ D pour transport.

On aurait donc alors pour équation de séparation :

$$m\ (0,045 + 0,00175\ D) = 0,05\ m + t_1\ (0,025 + 0,00014\ D)$$

Ou bien :

$$m\ (-0,005 + 0,00175\ D) = t_1\ (0,025 + 0,00014\ D).$$

L'on voit que les points de séparation dependront, dans chaque pays, du rapport qui existera entre le prix de la journée de manœuvre et celui des divers attelages. Si pour exemple nous les appliquons sur la ligne de Lourdes à la Garonne, il faut écrire :

$$m = 1\ \text{fr. } 25\ \text{c.}$$
$$t_1 = 5\ \text{fr. } 45\ \text{c.}$$
$$t_2 = 8\ \text{fr. } 60\ \text{c.}$$
$$t_3 = 11\ \text{fr. } 75\ \text{c.}$$

Alors, mettant ces valeurs dans les trois équations ci-dessus, on trouve que les séparations de préférence s'opèrent, savoir :

1° Entre la brouette et l'attelage à 1 cheval à 100m03
2° Entre l'attelage à 1 cheval et l'attelage à 2, à 386m02
3° Entre l'attelage à 2 chevaux et l'attelage à 3, à . . . 884m83.

Voiturage ascendant. Tout ce que je viens de dire sur le mouvement des terres au moyen du tombereau suppose le transport horizontal. S'il y avait en même temps ascension, l'expérience apprend qu'il faudrait compter un effort de traction double pour une rampe de 0m05 par mètre.

Alors, pour conserver le même tirage, le poids total traîné devrait être diminué dans la même proportion ; c'est-à-dire qu'il deviendrait égal à $p . \frac{1}{1+20p}$

P étant le poids total du tombereau plein :

p l'inclinaison d'ascension.

Si le poids total était ainsi réduit, il y aurait évidemment pour l'attelage une diminution de travail ; car l'effort, en allant, ne serait augmenté que par l'ascension propre de l'animal, et dans les faibles pentes, elle serait à peu près compensée par sa descente ultérieure ; tandis qu'au retour il y aurait une décroissance, légère sans doute, mais réelle, procurée par la descente, sur la traction du tombereau vide.

Si, par exemple, on arrivait à une rampe égale à 0,05, il n'y aurait aucun tirage au retour ; ainsi, à l'exception du limonier qui aurait toujours à pourvoir à la conduite du tombereau, l'attelage pourrait être considéré comme marchant librement sans aucun fardeau après lui ; et l'on sait par expérience que dans cet état l'animal prend naturellement une vitesse double, sans diminuer le temps quotidien du travail, tandis que cette vitesse n'est que sous-double lorsqu'il traîne horizontalement le tombereau vide. D'après cela, l'espace qu'il pourrait parcourir dans le cas de la montée à 0,05 avec un fardeau reglé suivant le facteur $\frac{1}{1+20p}$ serait donc à l'espace parcouru dans le transport horizontal comme $^6/_3$ est à $^5/_3$; cet-à-dire comme 10 est à 9. Il est donc accru de $^1/_9$, et la dépense ne se trouverait exactement modifiée par le facteur $(1+20p)$, qu'autant que lui-même serait diminué par un autre facteur, devenant 0,90 pour $p = 0,05$.

Pour imposer la même fatigue à l'attelage sans changer le trajet quotidien, le fardeau total à la montée doit donc exiger de lui un tirage un peu plus fort qu'auparavant ; et cela vient à propos pour compenser l'effet du poids inutile qui ne peut pas diminuer à volonté, et d'une manière continue, comme la pente. On est condamné presque toujours à garder les tombereaux tels qu'ils sont, et le surcroît de fardeau qui en résulte vient compenser à peu près la réduction que nous demandions tout à l'heure au facteur correctif de la dépense.

En un mot, l'expérience prouve que jusqu'à 0m05 d'inclinaison, le délassement procuré à l'attellage par la descente du tombereau et des chevaux équivaut à peu près à l'accroissement de fatigue causé à la montée par le même tombereau, de telle sorte que c'est le poids utile qui doit seul décroître comme la fraction $\frac{1}{1+20p}$.

Alors, pour passer au transport ascendant, il n'y a qu'à multiplier par $1+20p$ le terme en D dans les expressions diverses du mouvement horizontal ; et comme p D égale toujours la hauteur totale franchie, cela revient, en d'autres termes, à compter tout le transport comme s'il était fait horizontalement, mais en ajoutant à la distance réelle 20 fois la hauteur à franchir.

Cette dernière méthode de calcul est surtout employée dans le cas où le trajet se divise en plusieurs pentes ; parce qu'elle dispense de tenir compte de cette diversité.

Alors H étant cette hauteur totale, les trois formules générales deviendront :

$$0,05m + t_1 [0,025 + 0,000140 (D + 20 H)]$$
$$0,05m + t_2 [0,025 + 0,000065 (D + 20 H)]$$
$$0,05m + t_3 [0,025 + 0,000040 (D + 20 H)]$$

Les distances de séparation entre ces trois cas, trouvées pour le transport horizontal, donneront la valeur de D + 20 H, et lorsque la hauteur totale sera connue, on aura les diverses valeurs de D en retranchant 20 H.

Si c'est la pente qui est donnée et non la hauteur totale, on aura :

$$H = p\, D \qquad D + 20\, H = D\, (1 + 20\, p)$$

Et en divisant les valeurs de D par $1 + 20\, p$, on aura les nouvelles distances de séparation.

Avec la brouette, la question changerait quelque peu, parce que l'augmentation de la distance en raison de la hauteur s'obtenant en la multipliant par 12 au lieu de 20, les deux facteurs ne sont plus égaux.

Nous avons pour la brouette, ainsi que nous l'avons vu plus haut :

$$0{,}045 m + 0{,}00175 m\, (1 + 12\, p)\, D$$

et il faudrait l'égaler à

$$0{,}05 m + t_1\, [\, 0{,}025 + 0{,}00014\, (1 + 20\, p)\, D\,]$$

Telles sont les considérations diverses qui règlent la loi d'ascension par tombereau. Mais, pour plusieurs motifs, elles ne s'appliquent pas au delà d'une rampe inclinée à 0,05.

D'abord, la compensation que nous avons pu supposer entre l'ascension et la descente du tombereau, tant que la pente du frottement n'est pas dépassée, cesserait d'être vraie aussitôt qu'il y aurait à retenir en descendant.

En second lieu, la montée au delà de cette limite change essentiellement le mode d'action de l'animal, ainsi que la loi suivant laquelle se règle la fatigue qu'il éprouve. Celle-ci augmente promptement, et il ne faut pas arriver à une très-forte pente pour qu'il ne soit plus en état de suffire à la simple ascension du tombereau vide.

Enfin ici, comme dans le brouettage, la pratique des choses fixe une limite d'inclinaison au delà de laquelle il vaut mieux accroître le trajet que la rapidité. Cette limite était 0,125 pour la brouette ; elle est seulement 0,05 ou 0,06 au plus pour le tombereau toutes les fois qu'il s'agit, non pas d'un coup de collier très-court pour vaincre un obstacle topographique accidentel, mais d'un trajet prolongé. Il est donc inutile de se préoccuper de la loi qui régirait la dépense au delà de cette rapidité. Elle croîtrait tout simplement comme la hauteur à franchir, et se trouverait équivalente aux frais d'un transport horizontal égal en longueur à cette hauteur multipliée par 40, 0,05 étant la limite de pente ; par 33,33 pour 0,06.

Voiturage descendant.   Si les terres ont à descendre au lieu de monter, il est clair que la traction diminuera dans le trajet du tombereau chargé, mais qu'au retour à vide elle augmentera. Il y a donc pour les formules, entre l'ascension et la descente, une dissemblance essentielle. Tandis que dans le premier cas les deux moitiés du voyage exigent des efforts plus différents à mesure que l'inclinaison augmente, dans le second, au contraire, les deux efforts tendent à se rapprocher de plus en plus, et dès qu'ils sont parvenus à s'égaliser, le voyage n'est plus une alternative de travail et de délassement; c'est un tirage constant. Évidemment alors la fatigue serait plus grande si, le tirage demeurant le même que dans l'état horizontal, on avait la prétention de faire parcourir à l'attelage un trajet quotidien aussi long que si le tombereau s'était trouvé vide dans la moitié du voyage.

Pour ne demander à l'attelage que le travail qu'il peut journellement fournir, il faut donc supposer ou le trajet quotidien moins long, ou le chargement moins considérable qu'il ne convient au tirage normal.

Dans ce dernier cas, la pente où l'égalité de tirage existait entre l'aller et le retour conserverait encore cette propriété, en sorte que l'attelage demeurerait toujours assujetti à la continuité du même effort. Or, ce que l'on appelle l'état normal du tirage horizontal est à peu près l'intensité de la traction *continue* qui obtient des animaux le plus grand effet possible. Il faut donc supposer cette normalité quand on le peut, et sacrifier ici la longueur du trajet au chargement.

Mais l'expérience prouve, ainsi que nous l'avons expliqué plus haut, que le travail ne peut se continuer avec cette constance d'intensité et pendant le même temps quotidien qu'avec une vitesse moindre du $^1/_g$, et par suite avec une diminution pareille dans le trajet total. Le poids ainsi traîné a bien augmenté, comme le fait le facteur $\frac{1}{(1-20_g p)}$; mais la dépense doit tenir compte d'un autre élément essentiel, le trajet quotidien, qui vient apporter dans la formule un second facteur en p, et celui-ci, parti de l'unité, pour $p = 0$, devient égal à $^9/_4$ ou 1,25 pour la valeur de p procurant l'égalité du tirage entre les deux moitiés de chaque voyage.

Pour déterminer ce facteur, cherchons d'abord la pente spéciale qui jouit de cette propriété. Elle doit évidemment résulter du rapport existant entre les poids transportés, selon que les tombereaux seront pleins ou vides.

Ceux-ci peuvent avoir des dimensions différentes propres à contenir divers volumes, et l'expérience apprend que leur poids croît à peu près en proportion du fardeau qu'ils sont destinés à supporter habituellement. Je dis *habituellement*, parce qu'il n'en est aucun qui ne permette une certaine extension de chargement, même en sus de sa contenance naturelle. Les caisses sont disposées de manière à pouvoir être augmentées accidentellement par l'addition de quelques planches, qui procurent au besoin un surcroît de contenance de $^1/_4$; la force des tombereaux est calculée de manière à le supporter sans dommage, et leur poids est d'ordinaire les $^3/_g$ du chargement naturel; par conséquent aussi le $^1/_5$ seulement du chargement maximum. Enfin, en le comparant au poids total du tombereau plein, il n'en est plus que les $^2/_7$ dans le premier cas, et le $^1/_4$ dans le second.

La variation que ce rapport peut subir dans le même tombereau est donc au plus de $^1/_{86}$, et en se plaçant dans la moyenne, on pourra, sans erreur sensible, considérer comme constant ce rapport, qui sera alors égal à $^{15}/_{56}$.

Maintenant, pour plus de généralité, représentons par t la fraction inverse, c'est-à-dire le rapport du poids total au poids du tombereau vide, et par T ce dernier.

Le chargement entier sera alors t T;

Et l'effort se trouvera proportionnel, savoir :

A t T $(1 - 20\,p)$ pour la descente du tombereau plein.

A   T $(1 + 20\,p)$ pour la montée du tombereau vide.

L'égalité s'établira donc par l'équation :

$$t\,(1 - 20\,p) = 1 + 20\,p.$$

D'où $p = \dfrac{1}{20} \cdot \dfrac{t - 1}{t + 1}.$

La valeur moyenne de t dans chaque tombereau étant $^{16}/_{15}$, cette valeur de p devient égale à 0,0288.

Il se peut qu'entre cette pente et l'horizontale, le facteur correctif que nous cherchons ne croisse pas rigoureusement dans une proportion régulière ; on comprend cependant qu'il ne peut guère s'écarter de la proportionnalité pour des limites si rapprochées , et qu'en adoptant cette règle on ne risque pas de tomber dans une erreur notable.

Ce facteur aurait alors la forme $a + b\,p$.

a et b étant deux constantes à déterminer par les deux points extrêmes.

Il viendrait donc les deux équations :

$$a = 1$$

$$1 + \frac{1}{20}\,\frac{t - 1}{t + 1}\,b = 1,25$$

D'où $b = 5\,\dfrac{t + 1}{t - 1}.$

Et enfin mettant à la place de t, $^{16}/_{15}$ sa valeur moyenne indiquée plus haut, il vient :

$$b = 8,66$$

La formule de la dépense horizontale est donc alors modifiée comme les deux facteurs $(1 - 20\,p)\,(1 + 8,66\,p)$

Jusqu'à une pente égale à 0,0288.

Quant au poids traîné sur cette pente limite , comme le tirage, en descendant, a été maintenu dans l'état où il se trouvait horizontalement, il a augmenté comme la fraction $\dfrac{1}{1 - 20\,p}$, qui est égale à 2,38.

Ainsi la contenance du tombereau a dû être portée à 2,38 de ce qu'elle était à l'état horizontal , c'est-à-dire un attelage à un cheval a dû prendre le tombereau de l'attelage à 2 chevaux, avec son supplément de contenance tout entier ; ou, ce qui revient au même ; l'attelage à 2 chevaux a dû se réduire à un , en conservant son tombereau.

C'est là une limite d'accroissement de capacité pour ainsi dire infranchissable, soit parce qu'il n'existe guère en réalité de tombereau plus vaste , et qu'il serait alors peu économique d'en construire spécialement pour ces cas, en définitive très rares ; soit parce que le limonier deviendrait difficilement maître de la direction du tombereau.

Ainsi, au delà d'une pente égale au plus à 0^m03, l'organisation naturelle des choses indique d'elle-même qu'il ne faut pas augmenter le chargement.

De son côté, une analyse rigoureuse donne la même interdiction; car, ne l'oublions pas, à partir de cette pente, le retour à vide devient plus pénible que l'aller avec le chargement plein; et c'est le poids seul du tombereau qui organise alors le voyage, ce n'est plus le chargement. Si donc l'on voulait s'astreindre à ne pas dépasser une limite de tirage, le poids du tombereau ne devrait pas seulement rester le même, il faudrait qu'il diminuât à mesure que p augmenterait; allégement qui entraînerait une diminution notable dans le chargement, et, par suite, une augmentation dans la dépense.

On comprend donc sans peine, et la pratique d'ailleurs le dit de son côté, que le maintien du tombereau dans l'état où le met la pente d'égalité, est la combinaison la plus favorable quand il faut descendre au delà. Or, la fatigue qu'il procure ainsi est à peu près constante jusqu'à la pente du frottement (0,05 ou 0,06), parce que jusque-là on trouve, dans la diminution de traction à la descente, à compenser à peu près l'augmentation de tirage au retour, provoquée par le seul accroissement de la rapidité, sans rien changer au poids du tombereau.

Au delà de la pente du frottement, la loi changerait essentiellement. Il y aurait à retenir à la descente, et il en résulterait une double fatigue au lieu d'une compensation.

Heureusement ce cas ne se présente pour ainsi dire jamais; il est donc à peu près inutile de l'analyser.

Par tout ce qui précède sur l'ascension ou la descente des terres, il est clair, sans qu'il soit besoin de le dire, que dans les pentes ou les hauteurs franchies il faut compter seulement la partie prise par la locomotion. Une autre portion de la hauteur est souvent dépensée au chargement pour fouille ou transport latéral, et à la décharge pour formation de talus. De celle-là il ne faut tenir nul compte pour le mouvement des terres, et celui-ci, dans les terrassements pour constructions de chaussées, se borne en général à profiter de l'inclinaison destinée à la voie définitive.

Enfin, je dois dire pour terminer ce sujet, que malgré les distinctions que je viens d'établir entre les trois attelages, pour l'honneur de la théorie s'il m'est permis de le dire, dans les évaluations générales du chemin de fer de Lourdes à Pont-de-Bordes, je n'ai eu égard qu'à l'attelage moyen, celui de 2 chevaux; et voici les raisons qui m'y ont déterminé. *Utilité comparative des divers attelages.*

J'ai eu d'abord pour but de simplifier le classement des transports.

En second lieu, l'attelage à 3 chevaux est presque toujours trop embarrassant pour être employé dans le transport des terres, même quand il semble en résulter une économie; et puis, le fardeau qu'il traîne dépasse souvent la limite permise par la résistance de la voie sur laquelle il lui faut se mouvoir.

L'attelage à un cheval n'a pas les mêmes inconvénients; mais dans le cas d'ascension, il a le désavantage de ne pouvoir monter qu'en diminuant sa charge sans diminuer le poids inutile, car dans les tombereaux construits, il n'en trouve pas de plus léger.

L'attelage à 2 chevaux est plus heureusement placé: s'il faut descendre, il se divise. En deux attelages à un cheval; s'il faut monter, il prend le tombereau inférieur en capacité; et celui-là se rencontre toujours et partout!

Enfin, si l'on jette les yeux sur la limite d'action de chacun des trois attelages, on trouve, nous l'avons vu plus haut, que le premier étend la sienne depuis 100 m. jusqu'à 386 m., partant sur 200 m.

Le second, depuis 386 m., jusqu'à 884 m.—500 m. Le troisième enfin, nous le verrons bientôt, serait délaissé pour la voie de fer avant 1,200 m., et ne serait employé que pendant 300 m. environ.

On voit donc clairement que l'attelage à 2 chevaux est celui qui trouve à la fois le plus d'occasions d'emploi, et le plus de facilités; aussi le nombre en est-il plus grand, et, dans un avant-projet, il me paraît convenable de s'en tenir à lui seul pour les évaluations. Les avantages qui pourraient résulter de l'emploi des autres attelages seraient très-bornés, et diminueraient bien peu le chiffre des estimations.

§ V. — Transports sur voie de fer.

Le transport des terres par wagon sur voie de fer est tout moderne, aussi a-t-il été peu étudié jusqu'à ce jour. Les expériences faites ne sont pas nombreuses, et, ce qui est bien plus fâcheux, on ne les a point recueillies de manière à rendre saillante l'influence propre à chaque élément de la question. On possède à peine quelques résultats d'ensemble, où toutes les influences partielles se trouvent fondues dans un chiffre dernier et unique, qui n'éclaire pas assez les détails intimes du travail.

Je vais essayer cependant de l'analyser; non que j'aie la prétention de suppléer aux faits généraux qui manquent, mais pour dire en quoi les notions recueillies jusqu'à ce jour semblent insuffisantes; pour indiquer enfin ce que, dans l'intérêt de l'art, il importe de bien observer dans les expériences qui se font en divers lieux.

Considérations générales. La substitution de la voie de fer à la locomotion ordinaire a pour but de diminuer la dépense du tirage; non plus en augmentant le nombre de chevaux sans accroître celui des conducteurs, ni le poids inutile dans la même proportion; mais en agissant sur la voie elle-même, en la rendant plus roulante, pour me servir d'un terme consacré par l'usage. Et en effet, l'on parvient ainsi à réduire des $^9/_{10}$ la résistance occasionnée par le roulement horizontal.

Ce serait là un immense avantage si aucun inconvénient ne venait le compenser. Malheureusement il n'en est point ainsi.

D'abord, il faut construire la voie de fer; puis des voitures spéciales; et c'est là une dépense considérable. Il est vrai que dans les terrassements occasionnés par l'établissement d'un chemin de fer, on peut chercher à se servir pour cet usage des rails destinés ultérieurement au chemin lui-même. Ce n'est alors qu'anticiper de quelques jours cette fourniture, et il ne faut réellement compter pour dépense que la pose, l'enlèvement et la détérioration.

En second lieu, et c'est peut-être le côté le plus fâcheux, il arrive, comme dans le transport par tombereaux, qu'à mesure que le prix du voiturage diminue, celui de la charge ou de la décharge augmente ; et ici ces deux opérations, par l'excessive complication qu'elles subissent, deviennent une cause importante de dépense.

Embarras et difficultés à la charge et à la décharge.

Les wagons ne sont pas, comme les tombereaux, libres d'avancer par tout chemin, jusqu'à la place qu'ils trouvent disponible près des fouilles, de manière à s'y faire remplir immédiatement. Ils ne peuvent pas quitter la voie ; et, ce qui est plus embarrassant encore, ils sont forcés de marcher par convois (1), les uns après les autres, de telle sorte qu'en supposant la voie de fer prolongée jusqu'à la fouille, il n'y aurait que le premier wagon en situation d'être chargé de front par un simple jet de pelle. Pour tous les autres il faudrait plusieurs jets, ou plutôt un transport supplémentaire à la brouette, exigeant charge et brouettage.

Le chargement peut bien aussi s'opérer par côté, en ayant soin de borner le travail du premier wagon à l'ouverture d'un couloir tout juste assez large pour le passage du convoi. La charge des terres se fait alors de plus près. Mais comme ce couloir est encore éloigné d'occuper toute la largeur de la voie, il y a toujours, pour une seule file de wagons, une partie de la section qu'il faut approcher et par plus d'un jet de pelle.

Dans la décharge, même embarras ; là aussi presque tous les wagons, moins celui de tête, exigent un transport complémentaire à la brouette pour mettre les remblais à leur place définitive.

Ce n'est pas tout : avec une seule voie de fer on se condamne à faire marcher tous les wagons à la fois par un seul convoi, allant successivement se remplir et se vider tout à la fois ; et alors le transport complémentaire aux deux extrémités peut être énorme. Les ateliers qu'il y exige deviennent très-nombreux, et sont condamnés à chômer tout le temps que dure le mouvement des wagons ; car celui du chargement doit être à peu près égal à celui du transport complémentaire à la décharge après le départ du convoi. Enfin le temps perdu par chaque cheval s'accroît considérablement, puisqu'il doit attendre que tous les wagons soient en état de partir, ceux traînés par les autres chevaux aussi bien que les siens propres. Je n'ai besoin de rien ajouter pour montrer combien cette disposition, quoique la plus simple de toutes, est accompagnée d'embarras. L'on ne peut évidemment songer à s'en servir que dans le cas où le temps disponible étant très-long, il serait loisible de procéder très-lentement aux transports des terres. Il faudrait peut-être pouvoir se contenter du travail journalier d'un seul cheval, d'un ou de deux ouvriers à la fouille ; et encore le trajet général devrait-il être très-court, pour ne pas faire chômer les deux chantiers extrêmes pendant le voyage.

Cette disposition a donc besoin d'être essentiellement modifiée dans le plus grand nombre de cas.

Et d'abord, remarquons ici que sur un chemin de fer l'attelage du cheval consiste simplement dans l'attache d'un crochet, le wagon se conduisant de lui-même et

_____

(1) Un seul cheval traîne au moins trois wagons remplis de terre, et deux chevaux attelés ensemble en traîneraient au moins six.

n'ayant nul besoin d'un limonier. Ainsi disparaît le motif principal, le dételage, qui dans le transport par tombereaux fait écarter l'emploi des entrepôts de réserve où peuvent se tenir les voitures pleines préparées d'avance pour s'échanger contre les vides aussitôt qu'elles arrivent. Ce système, rejeté précédemment comme désavantageux, obtient ici la préférence pour la charge, et mieux encore peut-être pour le déchargement, opération beaucoup plus embarrassante ici que dans le transport par tombereaux.

Utilité du doublement de la voie de fer.   Dans ce but, la modification la plus simple au système d'une voie unique prolongée d'un bout à l'autre, c'est le doublement de cette voie sur une certaine longueur, près du chargement et du déchargement, de manière à établir ainsi deux gares d'évitement qui servent aussi de lieu d'entrepôt, la voie directe étant au milieu de la chaussée pour les wagons pleins, la voie détournée se trouvant sur un des côtés pour les wagons vides. Quant à la longueur de chaque gare, elle sera déterminée par la quantité de wagons qu'elle devra contenir ; et celle-ci, par le temps qu'il faudra au voyage du convoi comparé à l'activité déployée sur la fouille et au déchargement.

A mesure que le travail avancera, les gares d'évitement devront se déplacer aussi, pour demeurer toujours à portée des points extrêmes; et, en définitive, la partie latérale de la double voie, quoique réduite toujours à la même longueur, occupera successivement chacun des points de la ligne entière ; c'est-à-dire qu'il faudra compter en réalité le prix de la pose et de l'enlèvement de deux voies, comme si elles se trouvaient exister simultanément d'un bout à l'autre.

Cette considération conduit immédiatement à prolonger les gares latérales d'évitement jusqu'au front de la fouille et du déchargement, en ayant soin d'y placer deux doubles croisements, qui permettent aux wagons vides et pleins d'arriver jusqu'aux fouilles mêmes par les deux voies extrêmes ; car il n'y aura pas plus de dépense, et les facilités de chargement et de décharge seront considérablement accrues.

Mais dans tout l'espace compris entre les deux gares d'entrepôt, il n'y a encore qu'une seule voie, et l'on est toujours forcé d'effectuer tout le mouvement des wagons par un seul convoi allant et venant successivement. Alors, si la distance est grande et le mouvement lent, par exemple comme le pas des chevaux, le convoi doit être composé d'un grand nombre de wagons, égal à celui qui se charge et se décharge pendant le temps du voyage entier. Un nombre pareil doit se trouver à chacun des entrepôts prêt à s'échanger contre les arrivants ; et de plus il doit y avoir des wagons aux deux extrémités en cours de chargement ou de déchargement. C'est donc 3 ou 4 fois le nombre en mouvement, et ce nombre considérable constitue un matériel énorme.

Il n'existe qu'un moyen de le diminuer ; c'est de faire en sorte que l'échange des wagons aux deux gares d'entrepôt ne soit plus forcé de se faire simultanément par grandes masses. Si, par exemple, chaque cheval marchant isolé, venait se présenter seul à l'entrepôt, il suffirait à la rigueur qu'il y trouvât disponibles trois wagons. Avant l'arrivage du cheval suivant, trois nouveaux wagons seraient venus à l'entrepôt, et ainsi de suite successivement, de telle sorte que le nombre en stationnement pourrait rigoureusement se réduire à 6, 3 à chaque extrémité. La longueur des gares éprouverait donc aussi, de son côté, une grande réduction.

Mais pour effectuer cette séparation en petits convois successifs une chose devient nécessaire, c'est qu'il y ait pour eux possibilité de se croiser ; et de là une double voie dans tout le trajet.

Ainsi, pour vouloir diminuer le nombre de wagons et la longueur des gares de stationnement, l'on est conduit à compter de plus, non pas la main-d'œuvre pour la pose de la voie de fer, car dans les deux elle est doublée d'un bout à l'autre ; mais la longueur de voie laissée en place, c'est-à-dire la quantité de rails d'appui, de traverses, etc., qu'il faut avoir en sa possession.

C'est donc, en définitive, un capital qui vient en remplacer un autre ; mais il y a dans la substitution cet avantage, que tout ce qui constitue la voie peut être emprunté au chemin de fer lui-même, et n'être alors qu'une anticipation de fourniture ; tandis que les wagons disposés pour terrassements sont un matériel spécial qu'il faut établir tout exprès.

Au lieu d'une voie double sur tout le trajet, l'on pourrait à la rigueur se contenter de gares d'évitement. Mais alors il les faudrait très-nombreuses, et il en résulterait toujours un autre inconvénient très-grave : une perte de temps pour s'attendre à chaque croisement ; et une main-d'œuvre spéciale à chaque évitement, pour l'arrangement successif des aiguilles.

Gares d'évitement intermédiaires, au lieu d'une voie double.
Graves inconvénients.

Ainsi, à moins qu'il n'y ait une véritable disette des éléments qui constituent la voie de fer, il doit être presque toujours préférable de doubler la voie d'un bout à l'autre.

Inutile de dire qu'il ne s'agit point ici de transports par locomotive. Dans ce cas, la machine tenant forcément réunie la force motrice, la séparation en petits convois successifs ne peut plus se faire, et l'on doit s'en tenir à une voie unique, même sans gares d'évitement intermédiaires.

Machines locomotives.

L'avantage des machines leur vient surtout de la vitesse qu'elles peuvent donner au convoi. Alors le voyage se faisant très-rapidement, le nombre des wagons chargés ou déchargés pendant ce temps est fort petit, et le matériel nécessaire est moins considérable que dans l'emploi des chevaux. Mais on ne peut pas s'en servir à toute distance. Chaque locomotive a la force de plusieurs chevaux (10 à 12 ordinairement). Si on ne lui donne pas toute sa charge, la dépense ne diminue guère pour cela ; et si le nombre des wagons est complet, la machine court risque de revenir trop tôt pour que dans l'intervalle un nombre pareil ait eu le temps de se remplir ou de se vider. Il faudra donc qu'elle attende ; et en attendant, elle n'éteindra pas son foyer, et la dépense ne s'arrêtera pas. L'emploi des locomotives ne peut donc devenir avantageux qu'au delà d'une certaine distance de transport. La pratique des choses semble la fixer à 2,000 mètres pour les chantiers de déchargement organisés de manière à donner la plus grande rapidité de travail, même au détriment de l'économie.

Cette distance deviendrait plus grande si, moins pressé par le temps, on laissait aux chantiers une organisation plus normale, et alors on atteindrait presque à la limite des transports lointains sans employer les locomotives.

On voit donc, en définitive, que le cas le plus ordinaire des terrassements opérés par wagons, c'est l'emploi des chevaux, et l'établissement de deux voies régnant d'un bout à l'autre, de la fouille au déchargement ; servant exclusivement, l'une au

Emploi des chevaux plus généralement applicable.

mouvement des wagons pleins, l'autre au retour des wagons vides; sauf cependant aux deux extrémités, où, par des croisements doubles, les deux voies sont mises en situation de recevoir successivement les wagons dans les deux états.

Nous étions partis d'une seule voie, combinaison la plus simple de toutes, et par des modifications successives, l'intérêt de l'économie nous a conduits à une voie double. Quant à la célérité de l'exécution, elle y a gagné aussi beaucoup, sans nous avoir toutefois préoccupés.

Célérité dans l'exécution.   Cette question cependant mérite aussi d'être prise en sérieuse considération, car elle peut avoir une grande importance. La terminaison complète d'une longue ligne, et par suite son utilisation, pourrait être empêchée par l'inachèvement d'un point unique, et une économie partielle qui amènerait ce résultat serait bien mal entendue. D'ailleurs, la quantité de rails dont on dispose sur une ligne entière peut être limitée, et l'on a souvent un grand intérêt à marcher rapidement pour organiser plusieurs chantiers les uns après les autres.

Il est donc important de savoir si la voie double, sans autre complication, peut donner, en toute occasion, une activité suffisante.

Et d'abord, nul embarras entre les points de stationnement. Les deux voies pourvoiront sans peine à toute l'accélération désirable, pourvu qu'un nombre suffisant de chevaux et de wagons soient occupés à faire le trajet; et au contraire, en augmentant le nombre de voies on n'ajouterait rien à la célérité.

Lenteurs au déchargement.   Ce n'est donc qu'au chargement ou au déchargement que la lenteur peut naître. Cette dernière opération n'avait aucune importance dans le transport au tombereau; et au premier abord on est tenté de croire qu'il doit en être de même ici. Un wagon, en effet, se renverse et se vide tout au moins aussi facilement et aussi vite qu'un tombereau; mais, pour qu'il se vide utilement, il faut qu'il soit amené au lieu même où la terre doit se placer et demeurer définitivement. C'était facile à chaque tombereau, libre de se placer à peu près où il voulait, en face, à droite, à gauche; mais il en est autrement pour un wagon, obligé de garder une voie déterminée. Le déchargement n'est plus possible qu'en un petit nombre de points, et tous les wagons ne pouvant pas s'y placer à la fois, ils sont forcés d'attendre leur tour. De là peuvent résulter de très-longs retards, quoique pour chacun d'eux l'opération, en elle-même soit très-simple et très-rapide dès qu'elle a pu commencer.

Les wagons peuvent être disposés de manière à se vider aussi bien par côté que sur le front, et lorsqu'un convoi avance sur un remblai, celui de tête est bien le seul qui puisse se renverser par devant. Tous le pourraient bien par côté, et ce renversement latéral dégagerait promptement le convoi; mais il faut qu'il se fasse utilement, et pour cela, que les terres arrivent ainsi à leur place définitive; car si l'on était obligé de les déplacer de nouveau, ce serait là une rapidité de travail bien chèrement achetée.

Malheureusement il n'en peut être ainsi que pour une faible portion des terres transportées. En effet, si la voie de fer doit être assise sur les terrassements déjà opérés, il faut que ces remblais, qui servent d'appui, précèdent l'établissement de la voie, et il n'y a que le wagon de tête en situation de les opérer en se vidant par devant. On a beau tout disposer de manière à ne lui demander que le moindre travail, afin de laisser la plus grande étendue à la vidange latérale ; le wagon de tête est toujours condamné à faire les ¹/₉ du terrassement par les talus latéraux qui tombent inévitablement dans son lot.

Enfin, toute la célérité qu'on pourrait donner au service du déchargement, dans le cas de deux voies arrivant parallèlement, ne permettrait pas de vider sur chacune d'elles plus de 150 wagons, c'est-à-dire 300 pour les deux, et de plus 30 ou 40 sur les côtés, en tout 335, c'est-à-dire 500 mètres cubes. Pour se rendre compte de ce degré de rapidité il faut savoir que les moindres chantiers de terrassements opérés par wagons comptent de 15 à 20,000 mètres cubes, et qu'il en est dont le volume dépasse 200,000 mètres.

Prenons, pour fixer nos idées, ce qui se présente sur le chemin de fer des Pyrénées. Quinze chantiers ont été indiqués pour transporter 1,464, 598 m. cubes ; la moyenne serait donc 97,640 m. cubes par chantier, le minimum étant 29,870 m. et le maximum 225,694 m.

Ce dernier chiffre à 500 m. cubes par jour donnerait 450 jours de travail effectif, c'est-à-dire environ dix-huit mois ; et si tous les autres ouvrages devaient être terminés longtemps auparavant, il pourrait devenir avantageux d'accroître l'activité de ce chantier, au risque d'ajouter à la dépense de déchargement. Il y a donc lieu de rechercher par quels moyens on atteindrait ce but le plus économiquement. *Moyens d'accélération.*

La première pensée qui s'offre à l'esprit, c'est de ne pas borner à deux le nombre des voies qui vont, à partir du stationnement, se présenter de front au bout du remblai. Le couronnement d'une chaussée peut en contenir quatre, et même cinq à la rigueur, en ayant soin de l'élargir autant que le permet le talus de 45°, suivant lequel les terres se disposent naturellement et peuvent se soutenir quelque temps. *Multiplicité des voies d'à-bout.*

Les frais de pose et de croisement se répètent autant de fois qu'il y a de voies, et la dépense croît ainsi proportionnellement à leur multiplicité ; mais aussi chacune d'elles fournissant un point de chargement, l'opération doit marcher avec plus de célérité. On se tromperait toutefois si l'on croyait que celle-ci se multiplie de la même manière. A mesure que le nombre des voies d'à-bout, rattachées aux deux voies générales, vient à augmenter, les embarras du service, les fausses manœuvres, les temps d'arrêt accidentels, les difficultés de croisement, s'accroissent aussi et diminuent la rapidité du déchargement à l'extrémité de chaque voie. Les nombres suivants, fournis par la pratique, donnent une idée de cette décroissance.

2 voies fournissent sur chacune 150 wagons déchargés par jour ; en tout 300
3 voies   id.   120   id.   360
4 voies   id.   100   id.   400
5 voies   id.   86   id.   430
6 voies   id.   75   id.   450

La célérité croît donc beaucoup moins vite que le nombre des voies, qui règle cependant l'accroissement de la dépense. Ainsi, à moins d'une nécessité absolue, il faut dépasser le moins possible les 2 voies accouplées.

Ce défaut d'efficacité du nombre des voies de front a fait songer à un autre moyen *Échafaudage mobile.*

de déchargement, employé pour la première fois dans les terrassements du chemin de fer de Saint-Germain.

Ce qui force à affectuer à peu près toute la vidange des wagons en les renversant par devant, c'est l'obligation de soutenir toute la voie de fer par les terrassements eux-mêmes. Mais si elle cesse d'être une nécessité; si, par exemple, on ménage aux wagons la possibilité de s'avancer au delà de la tête du remblai, sur un échafaudage préparé pour cela et prenant son appui sur le sol naturel lui-même, alors on pourra remplir de wagons la longueur entière de cet échafaudage, et tous pourront se vider en même temps, par une quelconque de leurs quatre faces.

Cette idée a été habilement mise en pratique au moyen d'un échafaud mobile, composé de 2 poutres de 25 m. de longueur, dont les extrémité s'appuient d'une part sur le remblai, de l'autre sur une chèvre, sous laquelle est un chariot ayant 6 roues de wagon. Le point d'appui sur la chèvre peut, en variant au moyen de calles, répondre aux variations de la hauteur du remblai. Enfin, le charriot roule sur une voie de fer posée à la surface du terrain naturel.

Sur cet échafaud peuvent se placer et se vider à la fois 3, 4, même 5 wagons; et cette vidange simultanée s'opère beaucoup plus vite que si chaque wagon était venu isolément se présenter au déchargement pour se retirer au dépôt, avant qu'un autre n'eût pu en sortir pour aller se vider à son tour.

Mais on se tromperait encore si l'on s'attendait à voir la quantité déchargée se multiplier ici comme le nombre de wagons amenés simultanément. Chaque décharge collective est notablement plus lente que celle d'un wagon isolé; aussi, malgré la multiplicité des wagons déchargés à la fois, le nombre total de la journée ne dépasse guère 300 m., dans le cas où 2 voies latérales flanquent la voie de l'échafaud mobile et sont employées à un simple déchargement par bout.

S'il n'y avait qu'une voie latérale, son service et le déplacement des croisements devenant plus faciles, il y aurait accélération dans le travail quotidien. Celui-ci atteindrait alors sur l'échafaud mobile, 310 ou 320 wagons.

La voie latérale, de son côté, donnerait non plus les 150 wagons obtenus dans le cas de deux voies sans échafaud, parce que le progrès plus rapide du travail amène des pertes de temps et des déplacements plus répétés pour les parties à croisement; elle ne donnerait alors que 130 ou 140 wagons, ce qui ferait, avec l'échafaud mobile, 450; autant que 6 voies de front.

Si l'échafaud était flanqué de deux voies latérales ordinaires, chaque côté ne donnerait plus que 110 wagons, et la totalité égalerait alors 520.

Quant à l'accroissement de la dépense, il se bornerait à la pose successive de la voie de fer destinée au roulement de la chèvre; puis à la construction et à l'entretien de l'échafaud mobile, et enfin à son facile déplacement.

Division d'un remblai
par assises.

Pour obtenir la célérité aux moindres frais possible, l'emploi de l'échafaud mobile est donc le meilleur moyen connu jusqu'à ce jour. Malheureusement il est borné à une certaine hauteur de remblai, car la chèvre ne peut fournir une élévation indéfinie. Celles que l'on a construites au chemin de fer de Saint-Germain montaient jusqu'à 9ᵐ50 au-dessus du sol, et pouvaient servir jusqu'à 9 m. de hauteur de remblai. C'est un point qu'il semble difficile de dépasser, et si le rembla doit s'élever plus haut, il ne reste qu'une ressource, c'est de le diviser en plusieurs assises ; celle du couronnement demeurant toujours desservie par deux voies générales établies d'un bout à l'autre sur la face supérieure du remblai.

Les autres assises auraient pour elles deux voies générales partant du point de séparation des déblais avec les remblais ; elles seraient établies tout le long du talus sur palier latéral, conquis au moyen de la tenue provisoire des terres à 45°, sur l'inclinaison définitive à 1,50 de base ; puis chaque assise viendrait s'y rattacher par un embranchement.

Telles sont les notions principales recueillies jusqu'à ce jour sur l'importante question de la célérité à la décharge.

Organisation des chantiers au chargement.

Le chargement a aussi les siennes, qu'il nous reste à examiner.

Et d'abord, une réflexion générale. A ne considérer qu'un wagon seul, le chargement est notablement plus long, plus difficile que le déchargement. Cette dernière opération est pourtant, dans les grands chantiers de terrassements, la cause la plus fréquente de la lenteur des travaux.

Rapprochement avec les nécessités de la décharge.

C'est que le travail d'ensemble amène avec lui des difficultés et des embarras qui ne se voient pas dans l'opération isolée. Et ces difficultés collectives sont beaucoup moindres à la charge qu'au déchargement.

Nous nous souvenons, notamment, que l'obstacle principal au déchargement naissait de l'obligation de former en avant tout le remblai d'appui. Le seul wagon de tête pouvait y travailler, et pourtant ce remblai préalable embrassant les deux talus latéraux, constituait la plus grande partie du remblai, les $^8/_9$.

Au déblai, une difficulté semblable : il faut ouvrir en avant, avec le seul secours du wagon de tête, et ceux qui suivent ont pour tout travail l'enlèvement des terres que le premier n'a pas été obligé de prendre pour avancer. Mais il y a cette différence, qu'au remblai les terres jetées en avant ne peuvent pas se tenir, même provisoirement, sur un talus plus rapide que 45° ; tandis qu'au déblai l'inclinaison latérale peut demeurer assez longtemps très-raide, quelquefois verticale.

Il peut donc rester sur les côtés une masse considérable de terres au chargement de laquelle on pourra présenter tous les wagons postérieurs en aussi grand nombre qu'il le faudra.

Une autre remarque aussi est à faire. Au remblai, l'amplitude latérale à laquelle peut atteindre un wagon se vidant de côté, est limitée par l'élévation de sa caisse au-dessus de la voie, à moins qu'on ne veuille s'imposer ensuite un second déplacement supplémentaire, qui sera un transport longitudinal, notons-le bien, pour porter les terres au loin, jusqu'à la tête de la chaussée.

Dans le déblai, au contraire, le wagon est passif ; il peut recevoir tout ce qui est demeuré sur les côtés, et si les talus latéraux ne suffisent pas par leur déclivité à l'approche des terres, le transport supplémentaire n'est jamais que transversal, et peut se borner presque toujours à un simple jet de pelle. C'est dire qu'il se confond avec le chargement ordinaire. Enfin, l'espace afférent à chaque wagon, soit de face, soit par côté, est toujours de 4 à 5 mètres, et comporte aisément quatre ou cinq chargeurs travaillant simultanément ; tandis que pour la décharge, un homme suffisant au renversement, la réunion de plusieurs pour le même travail n'ajouterait rien à la célérité ; et, en définitive, la charge, encore bien qu'elle demeure notablement plus coûteuse que la décharge, trouve des facilités d'organisation qui lui permettent, par l'emploi simultané d'un grand nombre d'ouvriers et de wagons, de s'effectuer tout aussi promptement. Ainsi, ne soyons plus surpris de voir dans les grands chantiers de terrassement la lenteur naître plutôt du déchargement que de la charge.

Celle-ci peut s'accélérer par divers moyens :

D'abord, comme pour la décharge, par le nombre de voies qui viennent heurter de front la masse à déblayer.

Si le premier wagon ne devait enlever que le prisme vertical placé devant lui, la multiplication des voies changerait bien peu la célérité, car chaque wagon de front conserverait la même masse à enlever ; mais il y a aussi les deux talus latéraux de l'ouverture, et ces deux talus se partagent entre tous les wagons qui se présentent de front simultanément : quand leur nombre s'accroît, la portion supplémentaire pour chacun est plus petite, et le progrès un peu plus rapide.

Mais ces talus peuvent d'ordinaire garder une si grande rapidité, que l'accélération par ce moyen est à peu près insignifiante, et la multiplicité des lignes ne peut que présenter un avantage, celui d'épargner un transport latéral des terres jusqu'au wagon.

Deux voies suffisent amplement à cette nécessité toutes les fois que la cuvette du déblai est celle du chemin ; parce que, en espaçant leurs axes de 5 mètres, le chargement peut être fait de toute part par simple jet à la pelle. Mais ici, comme dans les grands remblais, il pourra devenir nécessaire de partager le travail en plusieurs assises. Alors deux voies générales, partant du point de séparation des déblais avec les remblais, seront établies le long des deux talus au moyen de la tenue provisoire des terres sur une inclinaison plus rapide que 45° ; puis chaque assise aura son embranchement pour s'y rattacher.

Dans cette décomposition de la masse en plusieurs couches, il en est dont la cuvette présentera une grande largeur ; c'est pour celles-là seulement qu'il pourra devenir utile de multiplier les voies attaquant de front le déblai.

Enfin, un dernier moyen de célérité dans le chargement consiste à permettre à une file de wagons de pénétrer plus promptement dans la fouille, en lui creusant d'avance une partie du passage, et en ne laissant à faire au wagon de tête que le travail répondant à la célérité qu'on veut obtenir. C'est, comme on le voit, le pendant en quelque sorte de l'échafaud mobile employé au déchargement. L'ouverture de cette espèce de canal s'opère tout simplement en retroussant sur les bords les terres que reprend ensuite le chargement latéral. Elle peut procurer une grande accélération, sans qu'il y ait cependant un accroissement bien notable de dépenses, tant que la profondeur ainsi creusée à l'avance ne dépasse pas 2 mètres. Le déplacement complémentaire se trouve en effet alors égal à un simple jet de pelle, et le cube ne dépasse pas 5 mètres par mètre courant.

Il resterait encore beaucoup de détails à donner sur l'organisation des grands chantiers de terrassements opérés par voie de fer ; mais ils n'ajouteraient presque rien aux idées générales que je viens d'exposer. Elles me semblent suffisantes, et je

Marginal notes

Multiplicité des voies d'à-bout.

Division du déblai par assises.

Canal d'ouverture préalable.

les ai crues nécessaires pour l'intelligence de ce qui va suivre, sur le prix du mouvement des terres par ce puissant moyen de transport.

Dans l'emploi des wagons , comme pour les tombereaux , il faut toujours distinguer la charge et la décharge, du voiturage proprement dit. Mais ces opérations, dans les deux modes de transport , ont des exigences bien différentes. Prix du transport.
Eléments de la dépense.

Au wagon il faut une voie spéciale ; cette voie, il faut la construire et l'entretenir ; tandis que le tombereau se meut sur le sol même , et si quelques préparations sont nécessaires , elles ont assez peu d'importance pour qu'on puisse les comprendre dans les faux frais généraux.

En second lieu , le tombereau ne dételant jamais, la charge et la décharge se réduisent à un temps perdu par l'attelage pendant le remplissage , à un jet de pelle et à un renversement ; opérations toujours simples, toujours sans embarras.

Sur voie de fer, tout est différent. Il n'y a plus de temps perdu par l'attelage , mais, en revanche, à chaque bout du terrassement nous trouvons un service spécial d'échange, qui exige la pose de plusieurs voies de fer, le déplacement successif des parties destinées aux croisements , enfin des procédés spéciaux de chargement et de déchargement qui s'éloignent souvent de la simplicité du jet de pelle.

Ces diverses dépenses se décomposent ainsi qu'il suit :

1° La traction proprement dite ;

2° Le transport à pied d'œuvre , la pose et l'enlèvement des rails , de leurs traverses , et autres accessoires des voies de fer ;

3° Leur location ;

4° La charge et la décharge ;

5° Le transport à pied d'œuvre et la dépréciation des wagons par le fait du service ;

6° Leur location ;

7° La dépréciation par le fait du service des diverses parties qui composent la voie ;

8° Le maintien de leur assemblage et de leur position réciproque , nécessaires à la viabilité du chemin.

La dépense de chargement et de déchargement se subdivise à son tour, et donne :

1° La charge et la décharge proprement dites ;

2° La possession et la pose des voies supplémentaires employées aux deux extrémités pour accélérer, soit le déblai, soit le remblai ;

3° La main-d'œuvre nécessaire pour déplacer successivement les croisements de voies.

Si nous voulions analyser rigoureusement chacune de ces causes de dépense dans leurs innombrables détails , nous nous arrêterions à chaque pas devant l'absence de faits propres à éclairer notre marche. Absence de notions
détaillées.

Et, par exemple, en ce qui touche à la voie ainsi qu'au matériel, il nous serait sans doute facile de calculer le prix du mètre courant ou celui d'un wagon (1) ; mais

---

(1) Dans l'évaluation générale, ce prix a été donné pour une voie définitive ; mais une voie pro-

cette connaissance, à quoi servira-t-elle, tant que leur durée possible restera ignorée? et cette durée, on ne la connaît pas. D'une part, la nouveauté de la question,
car une question de cette nature est bien neuve quand à peine elle a devant elle un
quart de siècle ; d'autre part, la confusion dans les frais qui a dû naître par l'emploi,
dans un grand nombre de cas, des matériaux de la voie définitive pour les voies de
terrassement ; ces deux raisons puissantes ont laissé jusqu'à ce jour dans l'obscurité
cette importante partie de l'appréciation. Dans l'état actuel des choses, si nous in-
diquions à cet égard quelques chiffres, ce serait pure supposition.

Il est vrai pourtant qu'en Angleterre, et en Angleterre seulement, on trouve des
matériels de cette nature exclusivement affectés aux terrassements. Ce sont les grands
entrepreneurs qui les possèdent, et qui les louent aux divers sous-traitants qu'ils se donnent successivement. C'est une expérience qui pourra éclairer la question, mais
quand elle sera terminée; et c'est à peine si elle a commencé ; je n'en veux pour
preuve que les bases encore en usage dans ce pays pour établir le prix de location.
On lit dans un ouvrage récent publié par M. Bineau sur les chemins de fer de l'Angleterre :

« Ces entrepreneurs fournissent tout le matériel aux sous-traitants, et leur don-
« nent en général pour l'exécution des travaux 60 à 70 p. % du prix de l'adjudica-
« tion; de sorte qu'il leur reste 30 à 40 p. % pour les frais de matériel, pour les
« accidents imprévus, et pour leur bénéfice, qui s'élève souvent à 15 p. %. »

En sorte que la location du matériel des transports s'établit sur le prix total du terrassement, extraction comprise; l'extraction! partie souvent notable de la dépense,
et qui n'est absolument pour rien dans le mouvement des déblais. Il est clair que les
éléments rationnels de la question entrent pour bien peu dans ces conventions. C'est
tout simplement une règle empirique que l'on adopte faute d'autre, ou, pour mieux
dire, que le fort impose au faible, l'entrepreneur riche à l'ouvrier nécessiteux. Qu'on
prenne cette indication comme l'expression des nécessités, ou, si on l'aime mieux,
des croyances instinctives du moment, à la bonne heure; mais qu'on se garde de la
tenir pour définitive, car on peut s'attendre à voir l'avenir modifier ces croyances en
les éclairant.

Ainsi, nous manquons à peu près absolument de notions précises sur chacun des
éléments du transport par wagons; mais nous devons rencontrer des notions d'ensemble qui permettent, sinon une analyse détaillée, du moins la réunion de toutes
les influences dans un chiffre résumé. Peut-être même trouverons-nous à recueillir
quelques principes généraux, quelques-unes de ces règles de conduite qui, devenues
pour ainsi dire instinctives par une pratique réitérée, décèlent quelquefois la réalité des choses plus sûrement que l'analyse des faits partiels, toujours exposée à quelque omission.

---

visoire de terrassement en diffère sur plusieurs points. D'abord, il n'y a pas de fourniture de
sable, les traverses étant posées immédiatement sur la terre. En second lieu, lorsque les rails ne
doivent servir qu'à des terrassements, ils sont plus légers (20 kil. au lieu de 29 par mètre courant),
et ils ont une forme qui se prête mieux à la pose, ainsi qu'aux divers croisements de voies. Les
bois employés sont aussi moins chers, et, en résumé, le mètre courant estimé 44 f. 75 c. pour la
voie définitive du chemin de fer des Pyrénées, se réduirait à 30 fr.

Il est impossible, par exemple, qu'un directeur de travaux digne de ce titre, qui dans les chantiers divers soumis à sa surveillance et à son appréciation a dû se rendre compte, sinon de tous les détails, tout au moins des résultats résumés; il est impossible, dis-je, qu'il n'ait pas remarqué la modification que subit le prix du mètre cube par le seul fait du changement de distance; il est impossible que plusieurs comparaisons semblables n'aient pas fini par lui apprendre de quelle quantité croissait le prix pour un accroissement déterminé de longueur, toutes choses d'ailleurs demeurant égales.

C'est ce que l'on nomme le coefficient de la distance.

Il est impossible aussi que, des exemples divers passant continuellement sous ses yeux, il n'y ait pas puisé quelque règle de conduite sur le choix du moyen de locomotion, et notamment sur l'instant où il devient avantageux de laisser le tombereau pour prendre le wagon.

Cette distance de séparation, le coefficient de la distance, ce sont là deux notions générales que, partout où des travaux notables ont eu lieu, l'on doit trouver établies, sinon définitivement, car elles peuvent se modifier chaque jour sous l'influence de procédés nouveaux, du moins pour l'actualité, selon la situation présente des choses.

Et, en effet, aux environs de Paris, le seul point de la France où des travaux de quelque étendue aient encore été exécutés, si l'on consulte ceux qui les ont dirigés, on obtient pour réponse que le coefficient de la distance, antérieurement égal à près de 0 fr. 04 par 100 m., et la distance de séparation à 1,000 m., sont descendus par l'amélioration des procédés d'exécution, le premier à 0 fr. 03, l'autre à 800 m., pourvu que le volume transporté s'élève au moins à 15,000 mètres cubes.

Notions résumées aux environs de Paris.

Ces deux résultats admis, la détermination de la formule du prix des transports deviendrait facile si, comme pour le tombereau, elle ne contenait que deux termes, l'un proportionnel au cube transporté, l'autre à la somme des produits du cube par la distance. Mais il n'est guère possible d'espérer, au premier abord du moins, que cette multiplicité d'éléments dont j'ai donné plus haut l'énumération, puisse en définitive se réduire à une telle simplicité de forme.

Toutefois il est aisé de reconnaître, en faisant la revue de ces divers articles d'appréciation, qu'ils doivent pouvoir se ranger dans quelques catégories seulement, et notamment dans les quatre suivantes :

Les divers éléments de la dépense groupés en quatre catégories.

1° Les dépenses croissant à la fois comme le volume et la distance, c'est-à-dire comme leur produit; et de ce nombre sont :

La traction proprement dite;

La dépréciation par le fait du service des diverses parties composant la voie;

Le maintien de ces parties dans leur assemblage;

La dépréciation des wagons par l'effet du roulage.

2° Les dépenses croissant simplement comme le volume transporté; et ce sont :

La charge et la décharge des wagons proprement dites, dans lesquelles est compris le surcroît de dépenses sur la traction ordinaire qu'exige en main-d'œuvre ou frais le service des gares de stationnement, c'est-à-dire le mouvement entre elles et les lieux de charge ou de décharge ;

La détérioration des wagons par le choc des terres au remplissage, par le renversement à la décharge, et par le passage au croisement des voies ;

Le surcroît de détérioration des voies par suite du passage des wagons aux croisements.

3° Les dépenses d'ensemble croissant en même temps et à peu près comme la longueur totale du chantier de terrassement et comme le cube total transporté. De ce nombre sont :]

La pose, la location et l'enlèvement des diverses parties des voies générales ou supplémentaires d'à-bout ;

La pose et le déplacement successifs des croisements établis pour le service des gares de stationnement.

4° Les dépenses d'ensemble croissant à peu près comme la longueur totale du terrassement et comme le nombre d'assises ou bien la hauteur totale. De ce nombre sont :

Le transport à pied d'œuvre et l'enlèvement ultérieur des voies générales ;

Le creusement quand il y a lieu, du canal de déblai ouvert à la fouille préalablement.

Il faudrait donc au moins quatre termes, par suite quatre coefficients ; et nous n'avons que deux conditions pour les déterminer. Les notions que nous possédons sont donc insuffisantes pour asseoir une formule complétement rationnelle.

Les quatre réduites à deux. Il faut cependant essayer de tirer, des principes généraux que nous avons indiqués, les seuls bien établis, une règle de conduite et d'estimation, sinon précise et bien sûre, au moins assez rapprochée de la réalité des choses ; et pour y parvenir, il ne nous reste d'autre ressource que de fondre en deux les quatre catégories qui viennent d'être énumérées, conservant les plus essentielles et adjoignant à chacune d'elles celle qui lui est le plus semblable.

Heureusement les deux dernières peuvent assez bien s'assimiler aux autres.

D'abord la troisième, en croissant à la fois comme le cube entier et la longueur totale du terrassement, est assez semblable à la première, qui varie comme le produit du cube total par la distance moyenne ; et l'on peut supposer, sans courir le risque de grandes erreurs, qu'il y a proportionnalité habituelle entre la distance moyenne et la distance entière.

Il en est de même de la deuxième et de la quatrième.

Ainsi, en fondant les quatre termes en deux, on s'éloignera quelque peu sans doute de l'état rationnel des choses, mais pas assez toutefois pour tomber dans des erreurs graves ; et les coefficients, ainsi déterminés, embrasseront à peu près réellement les diverses causes de dépense.

Forme algébrique de la dépense. Enfin, il est aisé de voir que les deux premières catégories sont de beaucoup les plus influentes et le plus rationnellement représentées ; c'est donc aux termes qui les reproduisent qu'il faut surtout conserver leur pureté d'expression ; et nous sommes ainsi conduits par la force des choses à une forme de la dépense analogue à celle du transport par tombereau, c'est-à-dire composée de deux termes, l'un proportionnel au volume total transporté, l'autre à la somme des produits du volume par la distance. Alors, pour représenter la dépense totale du chantier, on a la formule suivante :

$$a \sum c + b \sum c\, d$$

a et b étant deux constantes, c le signe du volume, d celui de la distance, $\sum$ le signe de la totalisation.

Le prix du mètre cube est alors

$$a + b\, \frac{\sum c\, d}{\sum c} = a + b\, \mathrm{D}$$

D étant la distance moyenne du transport, qui est toujours égale à

$$\frac{\sum c\, d}{\sum c}$$

Il nous reste maintenant à déterminer les constantes a et b.

Pour les environs de Paris ce sera chose facile. Les deux principes généraux indiqués plus haut vont les donner immédiatement.

D'abord b n'est autre que le coefficient de la distance : or il est égal à 0 f. 03 pour 100 m. ; c'est donc à 0 f. 0003 par mètre.

Ainsi $b = 0$ f. 0003.

Pour trouver a il suffira de rappeler l'expression de la dépense dans le transport au tombereau : supposons, comme nous l'avons expliqué plus haut, qu'il s'agit d'un attelage à deux chevaux ; on a pour expression de la dépense d'un mètre cube de terre transporté à 1 mètre :

$$0,04\ m + t_2\ (0,025 + 0,000065\ \mathrm{D})$$

Et mettant à la place de m et t_2 leurs valeurs, qui sont pour Paris 2 f. 90 et 15 f. y compris le $1/_{15}$ pour faux frais et le $1/_{10}$ pour bénéfice, il vient :

$$0,52 + 0,000975\ \mathrm{D}.$$

L'expression de la dépense sur voie de fer serait, comme nous venons de le voir :

$$a + 0,0003\ \mathrm{D}.$$

Or la distance de séparation, c'est-à-dire le point où ces deux expressions doivent être égales, est 800 m. ; on a donc :

$$0,52 + 0,000975 + 800 = a + 0,0003 \times 800$$

$$\text{d'où } a = 1,06.$$

La dépense par mètre cube sur voie de fer dans les environs de Paris serait donc donnée par la formule

$$1\ \text{f. } 06 + 0\ \text{f. } 0003\ \mathrm{D}.$$

Détermination des coefficients.

Mais ce n'est point pour Paris seulement qu'il faut pouvoir trouver cette évaluation ; et, en passant d'un lieu dans un autre, la valeur des deux coefficients a et b pourra changer notablement, car ils dépendent essentiellement du prix de la main-d'œuvre, variable selon les pays.

Il faut donc nécessairement se rendre compte des variations de ces coefficients, et pour cela se rappeler les éléments qui les composent.

a est la réunion des causes de dépenses énumérées dans la deuxième et la quatrième catégories, et il suffit d'y jeter les yeux pour voir qu'il doit contenir une fourniture de rails, wagons, etc., et une main-d'œuvre en journées d'ouvriers et d'attelages.

Pour b, même observation et composition analogue tirée de la première catégorie et de la troisième.

Il faut donc avant tout distinguer dans a et b ces deux espèces de dépense.

C'est ce que nous aurait permis l'analyse détaillée des causes diverses, si nous avions possédé les données suffisantes pour les apprécier isolément ; alors, pour passer d'un pays à l'autre, il eût suffi simplement d'attribuer à chaque quantité de journées ou de fournitures le prix spécial de chaque localité.

Mais puisque cette ressource manque, il faut bien lui suppléer, et nous y parviendrons à peu près si nous découvrons quelque autre lieu où des travaux du même genre, faits en suffisante quantité pour asseoir les deux principes généraux bases de notre formule aux environs de Paris, nous permettent de calculer aussi pour cet autre cas spécial les deux coefficients a et b. Enfin le rapprochement de ces deux couples de valeurs comparé aux variations des prix de fourniture et de main-d'œuvre fera attribuer à chaque élément son influence spéciale.

Dans un tel besoin, la Belgique tout d'abord se présente à l'esprit. Des travaux considérables en terrassements viennent de s'y exécuter ; et en les visitant j'ai pu recueillir les divers renseignements dont la nécessité se faisait sentir tout à l'heure.

Ce pays, si je n'ai pas été trompé, offre les particularités suivantes :

La main-d'œuvre en général y décroît de $1/4$ sur celle de Paris.

Les fournitures en rails y diminuent de $1/28$.

Le coefficient de la distance pour le transport sur voie de fer est 0 fr. 025 pour 100 mètres, au lieu de 0 fr. 03, chiffre de Paris.

La distance de séparation entre les transports par tombereau ou par wagon est 1000 m. au lieu de 800 m.

Ces notions générales vont nous donner sur-le-champ la séparation en fourniture et en main-d'œuvre dans les deux coefficients a et b, dont les valeurs pour Paris, ne l'oublions pas, sont 1 fr. 06 et 0, fr. 0003.

Appelons a_1 et a_2 les deux parties de a.

b_1 et b_2 les deux parties de b.

Nous aurons les 4 équations :

$$a_1 + a_2 = 1.06 \quad (1)$$
$$b_1 + b_2 = 0.0003 \quad (2)$$
$$0,96\, b_1 + 0.75\, b_2 = 0.00025. \quad (3)$$

transport au tombereau.

$$0.75\ (0.52 + 0.00975 \times 1000) = 0.96\ a_1 + 0.75\ a_2 + 0.00025 \times 1000.$$

Ou simplement pour cette dernière :

$$0.95\ a_1 + 0.75\ a_2 = 0.871 \qquad (4)$$

Les équations (1) et (4) donnent : $a_1 = 0$ fr. 36, $a_2 = 0$ fr. 70.
Les équations (2 et 3) donnent $b_1 = 0,00012$, $b_2 = 0,00018$.

L'Angleterre et l'Amérique, la première surtout, comptent aussi de nombreux travaux de ce genre, et si pour ces deux pays nous connaissions, comme pour Paris et la Belgique, les deux notions générales qui viennent de servir de base à nos calculs, nous pourrions faire subir aux chiffres obtenus une vérification qui nous éclairerait sur leur exactitude. Mais, n'ayant point visité ces deux pays, je n'ai pu les recueillir moi-même, et dans les écrits publiés je ne trouve nulle part ces deux grands faits relatés.

Je rencontre seulement dans l'ouvrage de M. Bineau sur l'Angleterre une indication, déjà citée plus haut (page 142), qui attribue aux fournisseurs du matériel pour terrassements par voie de fer, 30 ou 40 pour %, du prix total ; proportion qui leur donnerait jusqu'à 15 pour % de bénéfice.

Pour passer des prix de Paris à ceux de l'Angleterre, il faut réduire à peu près de $^1/_8$ les fournitures en rails, et augmenter de $^1/_3$ la main-d'œuvre.

Alors on aurait : $a_1 = 0,288$, $a_2 = 0,933$, $a = 1,221$.
$$b_1 = 0,000095,\ b_2 = 0,00024,\ b = 0,000335.$$

Alors aussi : $a_1 =$ près de 24 pour % de a.
$$b_1 = \text{près de 29 pour } \%\ \text{de } b.$$

Et si l'on retranche des 30 ou 40 pour % donnés par M. Bineau la partie exagérée du bénéfice, la proportion se réduirait moyennement à 25 pour %, un peu moindre par conséquent que celle où nous serions conduits nous-mêmes.

Il est vrai qu'il y comprend le prix de la fouille ; et comme elle est simplement proportionnelle au volume et en général égale par mètre cube à une heure de manœuvre, qui vaudrait en Angleterre 0 fr. 38 c., il faudrait comparer 0, 288 à la valeur de a, augmenté de 0, 8 ou 1 fr. 60 ; et nous n'aurions plus que 18 pour %.

Ainsi les nombres que nous avons adoptés nous conduiraient pour fourniture de matériel à 18 pour % de toute la partie du prix provenant de la fouille ou du chargement ; et toujours 2 pour % de toute la partie afférente au transport. Celle-ci est alors la plus considérable, et les deux proportions fondues ensemble doivent revenir à peu près aux 25 pour % résultant des chiffres donnés par M. Bineau.

Cette coïncidence, aussi complète qu'on la peut désirer dans le vague où l'on se trouve encore, permet de se fier aux chiffres d'évaluation où nous ont conduits les faits les plus généraux des travaux de Paris et de la Belgique ; on peut donc les adopter sans crainte d'erreur notable.

Nous avons séparé, dans les valeurs de a et de b, les fournitures et la main-d'œuvre ; mais pour que la formule réponde à tous les besoins, il faut distinguer aussi dans cette main-d'œuvre, c'est-à-dire dans a_2 et b_2 les deux principales espèces de journées, qui ne varient pas toujours de la même façon ; les manœuvres et les attelages.

Nous y parviendrons facilement pour b_2, car ici les journées d'attelage répondent exactement à la traction proprement dite sur voie de fer, et nous avons vu plus haut qu'elle est égale au $^1/_{10}$ de la traction par tombereau. Or, celle-ci se mesure à Paris par la fraction 0,000975, moins la dépense du tombereau, inutile ici et égale à 0,0000825. Il faudrait donc séparer dans la valeur de b_2, qui est 0,00018, 0,0000892 pour la dépense d'attelage, et il resterait 0,00009072 pour celle des manœuvres. Enfin, prenant 2 fr. 90 pour prix de la journée du manœuvre, et le désignant par m ; puis 13 fr. 75 pour prix de l'attelage de deux chevaux avec leur conducteur, et le désignant par s, il vient :

$$b_2 = 0,0000313\, m + 0,0000065\, s$$

Pour décomposer a_2 en deux termes analogues, nous n'avons pas la même ressource ; mais il nous en reste une autre, c'est de considérer les diverses organisations des chantiers de terrassements à leurs extrémités, et de voir quel rapport moyen existe entre le nombre des manœuvres et celui des attelages. Or, en consultant les écrits qui s'en occupent avec détail, on trouve que cette proportion est à peu près égale à cinq ouvriers pour un attelage de deux chevaux (1).

En introduisant cette condition, il vient :

$$a_2 = 0,0833\, m + 0,033\, s.$$

Alors l'expression du prix d'un mètre cube de terre transporté par voie de fer se formule ainsi :

$$0,36 + 0,0833\, m + 0,033\, s + (0,00012 + 0,0000313\, m + (0,0000065)\, s\,\mathrm{D}$$

Et pour passer d'un pays à l'autre, tant que les fournitures ne varieront pas sensiblement, il suffira de mettre à la place de m et de s leur valeur locale.

C'est à peu près l'état de la France, ou du moins l'on peut sans erreur sensible supposer que sur la ligne du chemin de fer des Pyrénées les fournitures en rails et wagons demeureront, quant aux prix des éléments, à peu près ce qu'elles seraient aux environs de Paris. m et s seuls varieront, et en leur attribuant les valeurs qu'ils prennent en ce lieu, la distance de séparation devient 1080, et le coefficient de la distance 0,000225.

Si les fournitures étaient exposées à varier, il faudrait exprimer 0 fr. 36 et 0 fr. 00012, valeurs à Paris de a_2 et b_2, en unités de fourniture ; et pour cela l'on pourrait, sans crainte d'erreur notable, prendre le prix du kilogramme de fer mis en rails. Le chiffre actuel, le plus bas qui ait encore été obtenu des forges françaises, est 0 fr. 36 ; et en le désignant par f, la formule généralisée deviendrait :

$$f + 0,833\, m + 0,033\, s + (0,000333\, f + 0,0000313\, m + 0,0000065\, s\,)\,\mathrm{D}$$

---

(1) Cette proportion pourrait être différente, sans que les résultats donnés par la formule dussent beaucoup s'en ressentir ; car ce changement ne ferait que reporter sur une main-d'œuvre ce qu'il retirerait à l'autre. Et comme leurs variations sont à peu près proportionnelles en changeant de pays, le résultat définitif demeurerait à peu près le même.

Pour être plus sûr, dans le cas particulier qui m'occupe, de ne pas demeurer au-dessous de la vérité, j'ai légèrement accru les termes en m et s, et la formule définitivement appliquée au chemin de fer des Pyrénées est la suivante :

$$0\ \text{f.}\ 36 + 0,087\ m + 0,035\ s + (0,00012 + 0,000035\ m + 0,0000065\ s)\ \text{D}$$

En donnant à m et à s leurs valeurs sur la ligne du chemin de fer, on trouve que le coefficient de la distance devient égal à 0,00024645, et la distance de séparation à 1196ᵐ 65. C'est, comme on le voit, sur les chiffres obtenus par la première formule un accroissement de précaution égal à peu près au $^1/_{10}$.

Cette dernière distance (1200ᵐ environ) a présidé au classement des cubes transportés et de leur locomotion.

Tout ce que nous avons dit du transport par wagon suppose l'horizontalité de la voie ; c'est là le cas le plus ordinaire ; mais il sera forcé de passer à l'ascension et à la descente par des considérations analogues à celles qui nous ont guidés à propos du transport par tombereaux ; en remarquant toutefois : Transports ascendant et descendant.

1° Que la pente du frottement, alors égale à 0,05, ne dépasse point ici 0,004 ;

2° Que la modification devra se faire non plus sur le terme en D, mais sur les deux en s ; car l'un et l'autre sont afférents à la traction, et ils sont les seuls, tout le reste provenant d'une fourniture ou de manœuvres, indépendants de la traction proprement dite.

3° Le fardeau se trouvant divisé en un grand nombre de voitures, la tare peut suivre plus rigoureusement la proportion du poids utile dans les variations que lui imposent les pentes diverses.

4° Enfin le wagon se conduisant de lui-même, il n'y a pas à tenir compte de la fatigue spéciale du limonier.

§ VI. — Résumé et considérations communes aux quatre modes de transports.

Dans les divers paragraphes qui viennent de passer sous nos yeux, les quatre moyens de locomotion ont été analysés dans leurs nécessités propres, dans leurs principes spéciaux.

L'on a vu le jet de pelle n'exigeant aucun matériel spécial, aucune voie, aucune préparation de chantier ; mais n'étendant son action qu'à 6 m.

Après ce mode de transport, le plus simple de tous, il a fallu prendre le brouettage, celui-ci demandant de plus une brouette, une espèce de chemin, quelquefois des planches sur le sol, des madriers sur un fossé ; en un mot, un commencement de matériel, de voie spéciale, de chantier préparé ; et la brouette a été conservée jusqu'à 100 m. de distance.

Là, nous avons recouru au voiturage, avec ses attelages munis de leurs tombereaux, ses voies à grand roulage, ses chantiers plus spacieux, ses embarras, son temps perdu au chargement ; et nous avons vu son action s'étendre plus ou moins, selon les pays, depuis 800 m. jusqu'à 1,200.

Enfin, en ce point est arrivé le transport par chemin de fer, avec sa voie toute spéciale et chèrement construite, avec ses nombreux wagons, ses embarras, inexorables à la décharge, autant, plus peut-être qu'au chargement.

Jusque-là les divers modes de transport ne se sont mis en présence que deux à deux ; et la comparaison n'a eu pour objet que de bien établir leur point de séparation, la limite d'action de chacun d'eux.

Ces considérations peuvent suffire pour décider la préférence dès qu'on a déterminé les déblais à extraire et les lieux où il les faut placer ; mais avant d'arriver à cette détermination, un problème important est souvent à résoudre : c'est le choix à faire entre des terrassements compensés qui amoindrissent la quantité de terre fouillée en allongeant leur transport, et des terrassements latéraux retroussés au déblai, empruntés au remblai, qui peuvent accourcir la locomotion, mais en doublant la quantité fouillée et le sol occupé.

Limite des terrassements
compensés.

Ici, ce n'est plus deux à deux que les modes de transport doivent être considérés. Il faut pour ainsi dire les tenir tous en présence, car tous peuvent être appelés à concourir, non pas aux terrassements latéraux, car ceux-ci étant déposés à la moindre distance sont nécessairement dans le domaine de la brouette presque toujours, du jet de pelle quelquefois ; mais bien aux terrassements compensés, pour lesquels la locomotion peut être lointaine et entrer successivement dans le domaine de chacun.

Pour mieux fixer nos idées sur cette question, analysons succinctement ce qui se passe en réalité dans les chantiers de terrassements.

Et d'abord il est évident qu'au point de passage des déblais aux remblais, les premiers terrassements doivent toujours s'opérer par compensation, ne fût-ce que pour la partie comprise dans la limite du simple jet de pelle ; car, indépendamment du sol inutilement occupé, il n'est jamais aussi facile de retrousser les déblais latéralement, quelque peu qu'il faille les élever, que de les jeter tout à côté dans le vide du remblai.

Après le jet de pelle, on passe à la brouette, et on la garde jusqu'à 100 m. de distance, à moins qu'il ne devienne auparavant plus économique de remplacer le transport du déblai au remblai par un retroussement et un emprunt latéraux.

Et ce premier emploi de la brouette doit avoir lieu nonobstant toute résolution ultérieure sur le choix du tombereau ou du wagon ; car la voie de fer, fût-elle déjà établie gratuitement dans ces 100 m., il n'y aurait pas économie à la préférer à la brouette, puisque dans la formule relative au transport par wagon, si l'on retranche la partie afférente à la voie de fer, il reste encore :

$$0,087 \; m + 0,035 \; \flat + (0.000035 \; m + 0,0000065 \; \flat) \; D.$$

Et si on compare cette dépense à celle de la brouette, qui, étant égale à 0.045 m. + 0.00175 m D, donne pour 100 m. 0,22 m ; cette dernière égale à peine le seul terme 0,035 ◦ de l'autre expression, puisque ◦ est ordinairement 6 ou 7 fois m. Il reste donc de plus les trois autres termes, du côté du chemin de-fer.

Ainsi, toujours la brouette jusqu'à 100 m. de distance horizontale, ne fût-ce que pour ouvrir le chantier des wagons.

Passé 100 mètres, entre ces derniers et les tombereaux, le choix n'est plus aussi facile.

D'abord, si l'on établit comme pour la brouette une comparaison avec le transport par wagons, débarrassé des fournitures relatives à la voie, il n'y a d'avantage à prendre le tombereau que jusqu'à 225 m. Ce ne serait donc que pendant 125 m. qu'on pourrait s'en servir avec économie, si la voie de fer devait être ultérieurement établie. Cette longueur est si petite, comparée à la distance moyenne des transports sur voie de fer, et l'avantage à tirer du tombereau si faible, qu'il compenserait à peine les faux frais résultant de la nécessité de changer un peu plus tard toute l'organisation du chantier. Ainsi, ces deux modes de transport ne seront pas mêlés. Ce sera tout un ou tout autre ; et le choix devra se déterminer par la distance moyenne de la masse totale transportée.

Mais pour fixer cette masse, pour déterminer cette distance, il faut savoir où l'on s'arrêtera ; et ce sera au point où le transport lointain pour compensation commencera à coûter autant que le retroussement joint à l'emprunt.

Ainsi, dans tout passage d'un déblai à un remblai, il faut déterminer les points de l'un et de l'autre où l'on doit arrêter la compensation ; et ils doivent satisfaire aux **deux** conditions suivantes :

1° Donner un cube de déblais égal à celui des remblais ;

2° Exiger une dépense de retroussement au déblai, et une d'emprunt au remblai, qui, réunies, égalent le transport de l'un à l'autre.

Cette question dépend donc évidemment de la relation existant entre la hauteur des divers points d'un profil, le cube totalisé qu'elles comprennent et la distance horizontale qui les sépare. Pour la résoudre de prime abord par une seule opération, il faudrait donc trouver l'équation algébrique de la forme du terrain, qui conduirait inévitablement à des difficultés d'analyse insolubles.

Ainsi nous devons renoncer à la détermination mathématique du point de séparation, et il faut nous contenter dans la pratique de l'atteindre approximativement par des moyens de tâtonnement, c'est-à-dire par des essais successifs sur les cubes partiels qui se correspondent dans la compensation des déblais avec les remblais.

Ici encore grande difficulté de détail, car il y aurait pour chacun d'eux à calculer le prix moyen du mètre cube retroussé au déblai, celui du mètre cube emprunté au remblai, suivant les dimensions des deux sections extrêmes correspondantes ; et enfin le prix du mètre cube transporté à la distance séparative par tombereau et par wagon.

Ces calculs pris isolément ne présenteraient pas de sérieuses difficultés, et nous en avons successivement indiqué les éléments. Mais, répétés à tous les profils d'un grand travail, ils finiraient par devenir interminables, et le tâtonnement, ainsi pratiqué, ne serait pas plus possible que la solution mathématique. Heureusement il existe un moyen de le simplifier : c'est de dresser à l'avance des tables carrées relatant sur l'un des côtés les diverses dimensions possibles de la section du déblai, sur le côté perpendiculaire celles du remblai, et au point de croisement la distance de transport faisant l'équivalent des deux.

Un simple coup d'œil jeté sur ces tables et la connaissance de la distance réelle existant successivement sur le profil entre les sections de compensation correspondantes, conduirait en un instant et très-approximativement au point cherché. Enfin quelques derniers calculs et une simple opération suffiraient pour fixer assez rigoureusement la fin des terrassements compensés.

La construction de ces tables est donc indispensable pour la détermination de tout projet, surtout d'un projet définitif. Mais comme les éléments doivent en varier suivant les prix de la main-d'œuvre et du sol à occuper, c'est à chaque ingénieur à construire les siennes pour le cas qui l'occupe spécialement.

Observations particulières sur le transport par wagon. Dans l'analyse précédente, nous avons vu le transport par voie de fer, à côté d'avantages incontestables, présenter quelques graves inconvénients. D'abord, la nécessité d'un matériel spécial et considérable ; puis, une durée obligée des travaux d'un même chantier qu'on ne saurait accélérer au delà de certaine limite, celle-ci même ne pouvant être atteinte que par un accroissement notable de dépense ; enfin les remblais ainsi opérés à la hâte sur le point unique où ils se trouvent constamment circonscrits, ces remblais toujours assez mal pilonés, et donnant ensuite un tassement plus considérable, plus prolongé, cause ultérieure de dépenses importantes.

Ces divers inconvénients ont quelquefois décidé les directeurs de travaux à renoncer absolument au transport des terres par voie de fer ; s'en tenant ainsi à la brouette et au tombereau, au risque de déplacer plus de terre et d'occuper plus de terrain. Cette résolution, quelque peu aveugle quand elle est absolue, on peut cependant la comprendre dans un cas tout spécial où la durée des travaux serait courte et fixée obligatoirement ; mais il serait difficile de concevoir une opinion exclusive partout et toujours de ce moyen de transport, qui, évidemment, peut rendre d'immenses services, pour peu que l'exécution ne soit pas assujettie à une hâte excessive ; et cela arrivera d'ordinaire dans l'état normal des choses.

Enfin, une dernière réflexion, et celle-ci terminera ce que j'avais à dire du mouvement des terres : dans les quatre espèces de locomotion successivement analysées, la dernière est la seule dont la formule ne soit pas l'expression détaillée et mathématique des diverses causes de dépense. A défaut de notions suffisantes sur ces détails, il a fallu, pour rendre les faits actuels, se résigner à une forme, rationnelle à moitié, à moitié empirique. Elle ne rend point parfaitement tous les éléments de la question ; et c'est un inconvénient pour l'avenir, car les détails s'éclaireront, et l'on sera exposé à voir la formule se modifier, non pas seulement dans ses chiffres, mais dans son essence même, dans sa forme. Heureusement, le présent est satisfait le mieux possible ; la formule respecte tous les faits généraux bien constatés, ou si on le veut, les préjugés actuels ; et comme en définitive, vraies ou fausses, ces notions sont la base en usage dans les transactions du moment, on sera bien forcé de compter avec elles aussi longtemps que des lumières suffisantes n'auront pu pénétrer dans l'esprit des traitants.

NOTE B.

Construction des ponts.— Emploi des lavasses de Lourdes.

« Les lavasses de Lourdes, je l'ai déjà dit, ne sont autre chose que des pierres Réflexions générales. plates et longues auxquelles leur nature schisteuse donne une telle résistance en travers, qu'on peut, dans un grand nombre de cas, les employer comme poutres d'appui et en tablier. On comprend dès lors qu'elles doivent servir à une foule d'usages, et remplacer très-avantageusement le bois, surtout lorsqu'il doit se trouver exposé à l'humidité et aux intempéries.

« Il y a déjà quelques années, l'administration des ponts et chaussées, rassurée par l'expérience sur la force des lavasses, se décida à les employer pour toutes les constructions d'aqueducs ayant de 2 à 3 mètres d'ouverture. Elle a même été, dans quelques cas exceptionnels, jusqu'à permettre 4 ou 5 mètres de portée.

« Enfin, ces lavasses sont toujours précieuses lorsqu'on a peu de hauteur sous clef, parce qu'elles laissent à l'eau tout le débouché possible.

« Nous voyons déjà que la grande et la petite voirie sont appelées à faire une très-forte consommation de lavasses; et je pourrais encore indiquer une foule d'autres usages domestiques ou publics auxquels elles serviraient, et qui se développeraient successivement dès que le transport serait devenu facile. Je me bornerai à dire ici que leur utilité est assez grande pour que, déjà aujourd'hui, partant de la même carrière que les ardoises, elles poussent leur exportation deux fois plus loin qu'elles.

« Il existe dans les Pyrénées un assez grand nombre de carrières de lavasses; mais les plus précieuses, par la solidité et les dimensions extraordinaires qu'elles procurent, sont situées à Lourdes. L'exploitation en est extrêmement facile, car ces schistes y constituent une montagne entière. »

On comprendra sans peine que j'aie cherché à les utiliser le plus possible. La voie de fer les prend, pour ainsi dire, à la carrière, et les transporte presque toujours en descendant. Il est donc évident que pour les travaux de la seconde époque elles doivent être une ressource très-précieuse. Le chargement opéré sur les wagons, elles pourront se transporter avec avantage bien au delà des plus extrêmes limites du chemin de fer, puisque déjà aujourd'hui, par les routes ordinaires, on les emploie à plus de 40 kilomètres; et la distance de Lourdes à la Garonne n'en atteindra pas 160. Il pourrait donc facilement arriver à un trajet double, surtout en complément de charge.

J'en ai d'abord couvert les aqueducs. Je n'ai pas craint de les voir brisées par le Aqueducs ordinaires. passage des wagons sur une si faible portée; en songeant surtout que le plus grand danger leur vient du cahotement des voitures au passage; et si l'on a soin, dans une voie de fer, de ne pas placer un joint de rail sur les lavasses, ce qui est toujours facile dans la longueur d'un aqueduc, il y aura évidemment moins de secousses que sur une voie de terre.

Quant aux pontceaux, j'ai déjà dit que sur les voies de terre on a poussé l'emploi des lavasses jusqu'à 5 mètres de portée. Je n'ai pas cru qu'il fût prudent d'aller si loin pour un chemin de fer, sans prendre quelques précautions de plus. Ce n'est pas qu'il y ait plus de chances de rupture, mais chaque accident ayant plus de gravité, il fallait en diminuer le nombre. Heureusement les moyens d'y parvenir sont faciles à imaginer, en remarquant la fixité du passage. Sur un chemin de fer, ce sont toujours quatre mêmes traces qui supportent le poids des véhicules ; bien différent, en cela, des voies ordinaires, où la voiture peut se porter indistinctement sur toutes les parties de la chaussée. Il suffit donc ici de fortifier essentiellement ces quatre points pour assurer le passage contre tous les accidents.

Les lavasses elles-mêmes nous en fourniront le moyen jusqu'à une portée de 4 ou 5 mètres. Il faudra les placer comme poutres d'appui, allant d'une culée à l'autre, sous l'aplomb des quatre rails, et afin d'être plus certain de leur résistance, les poser de champ et les encastrer. Si enfin, réduisant à moitié l'épaisseur de chaque lavasse d'appui, on en place deux accouplées sous chaque rail, on aura pris une disposition qui garantira évidemment contre tous accidents.

Cet accouplement surtout donnera une véritable sécurité, beaucoup plus grande que ne le pourrait faire une seule lavasse plus que double en épaisseur.

D'abord, la résistance aux efforts sans secousse sera à peu près la même ; mais à un choc subit le couple résistera bien mieux.

Un choc, en effet, agit le plus souvent en s'aidant de quelque défaut d'homogénéité, de quelque veine vicieuse qui, une fois entamée, suit bientôt toute l'épaisseur, quelque grande qu'elle soit. C'est un éclat plutôt qu'une rupture.

S'il y a deux lavasses, le mal s'arrête à l'une, et à moins d'une coincidence inouïe, il ne peut rien sur la seconde. Ou si, par impossible, il la casse également, ce n'est pas au même point, et alors il devient très-facile d'y remédier, momentanément du moins, en reliant entre elles les deux parties de lavasses différentes, se dépassant et s'appuyant sur les deux culées opposées.

Cette disposition m'a semblé présenter toute sécurité, et je l'ai employée jusqu'à 4 mètres d'ouverture. En ne donnant que les dimensions enseignées par la pratique, chaque lavasse d'appui aurait eu seulement 0^{m}30 c, de retombée, 0^{m}15 d'épaisseur, les deux de chaque couple en ayant ensemble 0^{m}30; mais pour plus de sûreté, et surtout afin d'être large dans les évaluations, je leur ai supposé dans mes calculs 0^{m}25 d'épaisseur à chacune.

Le tablier pourrait également n'avoir que 12 centimètres d'épaisseur : pour un motif semblable, je lui en ai attribué 20; enfin, jusqu'à deux mètres d'ouverture, j'ai supposé les lavasses appuyées par leurs extrémités sur les culées, et se soutenant ainsi par elles-mêmes.

Passé 2 m. d'ouverture, pour ne pas aller au delà de cette longueur de lavasses, et éviter ainsi d'entrer dans une catégorie plus chère, j'ai appuyé les dalles de tablier sur les poutres d'appui, qui ont précisément cet espacement.

Ces diverses dispositions sont représentées dans les dessins détaillés qui donnent un pontceau établi sur le canal du moulin de Camalès.

J'ai choisi cet exemple, pour montrer un pont plat avec pile, qui n'aurait pu être construit dans aucun autre système de maçonnerie, sans gêner l'écoulement.

Je n'ai point osé pousser au delà de 4 m. la portée pour les ponts tout à fait plats; mais au delà de cette ouverture je n'ai pourtant pas renoncé à l'emploi des lavasses, et la fixité des rails est encore venue me prêter secours.

En songeant à cette fixité, il n'est pas un constructeur de chemins de fer qui n'ait éprouvé la tentation de réduire tout pont à quatre arceaux placés sous les quatre rails; car cette suppression de maçonnerie n'aurait pas seulement l'avantage de réduire la dépense de la voûte; les culées par l'affaiblissement de la poussée, les fondations et le cintre par l'allégement du poids, tout en éprouverait une importante diminution.

Mais toujours on a dû se trouver arrêté par deux motifs :

D'abord, par la gravité de tout accident au passage du pont, qui aurait des conséquences effroyables surtout si l'on venait à dévoyer sur cette surface aux trois quarts ouverte.

En second lieu, par un défaut de stabilité latérale dans ces arceaux, isolés ainsi les uns des autres. Car les choses ne se passent point ici comme dans les ponceaux et les aqueducs, dont nous venons de parler.

Là, les lavasses d'appui sont bien isolées entre elles, mais elles ne forment qu'une pièce d'une culée à l'autre, et leurs deux extrémités les fixent complétement. Il leur faut se rompre pour éprouver la moindre déviation latérale. Un arceau, au contraire, alors même que les culées s'élèveraient d'aplomb jusqu'au niveau du sommet, le tenant ainsi encastré par ses extrémités, un arceau est composé d'un grand nombre de voussoirs simplement juxta-posés, et n'offrant presque nulle résistance au fouettement latéral.

Les relier entre eux par du fer, c'est substituer une dépense à une autre, et s'exposer à toutes les dilatations de température, qui risqueraient d'ébranler les arceaux plus sûrement encore que le passage des wagons.

Avec du bois, la difficulté est toute pareille, sinon par la température, du moins par les variations si fréquentes de l'état hygrométrique de l'air.

Pour résoudre cette difficulté, il faut donc évidemment trouver, avant tout, une substance indestructible, indilatable comme la pierre; et la pierre seule est dans ce cas. Il faut aussi cette substance douée d'une cohésion assez grande, de dimensions assez étendues pour rattacher un arceau à l'autre; et parmi les pierres, je ne connais que les dalles où lavasses qui puissent y réussir. Elles y parviendront de deux manières: d'abord, on se plaçant en quelques points, comme voussoirs communs, entre deux arceaux voisins pour les relier, et leur forme aussi bien que leur dimension s'y prête admirablement.

Un autre moyen encore, et celui-là peut à la fois faire disparaître les dangers du passage et l'instabilité latérale des arceaux, c'est de former un tablier jointif serré et maçonné, fixé partout aux arceaux aussi bien qu'aux culées, et rétablissant ainsi la possibilité du passage pour tous, la sûreté pour les wagons, et le lien essentiel du pont sans en détruire la légèreté.

Ces deux moyens réunis, les voussoirs communs et le tablier général, doivent réussir toujours, dans tous les ponts, quelle que soit l'amplitude de leurs voûtes.

Le second suffit évidemment à lui seul dans tous les cas où l'arche n'a pas une

Ponts.

très-grande ouverture , surtout une grande flèche ; en d'autres termes, dans les ponts très-plats : l'allègement qui résulte de ce système permet en effet d'employer des surbaissements impossibles sans cela , et l'on conçoit alors sans peine que dans la plupart des cas le tablier en lavasses suffira pour tout garantir , et donner en même temps au pont une complète stabilité.

Ce dernier système , je l'ai supposé appliqué d'un bout à l'autre du chemin de fer des Pyrénées. Nulle part il ne m'a semblé nécessaire de recourir aux voussoirs communs. Je n'ai pas eu d'ouverture d'arche supérieure à 13 m., et j'ai pu, à peu près partout, donner aux voûtes la forme d'un arc de cercle de 60°, dont la flèche est à la corde , c'est-à-dire à l'ouverture , comme 134 est à 1000. Elle en est donc un peu moins que le $^1/_7$.

Ne pouvant pas donner le dessin vraiment détaillé des 33 ponts ou viaducs établis dans cette forme de Lourdes à Pont-de-Bordes, et dont toutes les dimensions ainsi que tous les ouvrages sont rigoureusement calculés dans les cahiers annexés au projet, j'ai choisi le pont de l'Adour, à Artagnan, qui a trois arches, pour le représenter, par son élévation et sa coupe longitudinale. Ces dessins donnent en même temps une idée suffisante du genre de cintres et de passages en bois provisoires que j'ai cru devoir adopter pour les grands ponts.

Inutile de dire que dans les dimensions que j'ai attribuées aux diverses parties ; j'ai eu soin de me tenir au-dessus de la nécessité. J'ai voulu que mes évaluations fussent voisines de la vérité , mais pourtant toujours supérieures à la nécessité. En exécution, il faudra probablement les réduire quelque peu , et la dépense se trouvera diminuée.

Aqueducs sous grands remblais.

Il est enfin un troisième cas assez difficile et fréquent dans les chemins de fer, pour lequel les lavasses peuvent être employées encore avec le plus grand avantage : c'est celui des aqueducs placés sous des remblais fort élevés.

Un effet peut se présenter alors : le terrain général, inaccoutumé à ce poids énorme, se comprime en masse , pousse latéralement sur les terrains non comprimés, pousse même du bas en haut dans tous les points vides qui lui permettent de venir s'y loger.

Dans ce cas , il est presque aussi essentiel de se garantir de la poussée du radier que de toutes les autres. C'est, en un mot, une compression dans tous les sens à laquelle il faut résister.

Un prisme triangulaire composé de trois plans de lavasses s'appuyant mutuellement m'a paru satisfaire parfaitement à toutes les nécessités de cette question. Un triangle isocèle de 2 m. ayant sa base horizontale , forme le vide de l'aqueduc qui, avec ces dimensions , peut aisément être visité et réparé au besoin dans toutes ses parties. 0^{m}25 est l'épaisseur des lavasses que j'ai adoptée ; et l'expérience indique qu'elle peut résister à d'énormes poids, surtout à des pressions sans secousses, comme elles seront dans ce cas. Enfin, pour économiser les lavasses de grande dimension , j'ai indiqué la possibilité de laisser dans chacun de ces plans un vide du tiers, fermé par une espèce de bordage composé de très-petites lavasses s'appuyant sur les grosses. La coupe et l'élévation de cette espèce d'aqueduc indiqué d'ailleurs suffisamment les diverses dispositions.

Les dessins produits en donnent l'établissement provisoire en bois de grume, juxta-posés dans un système semblable, embrassant seulement un espace assez grand pour permettre de construire ensuite l'aqueduc définitif en dedans du provisoire sans le démonter.

Cet aqueduc en bois est construit, comme on le voit, de manière à se prêter parfaitement à toutes les ondulations de compression que les remblais pourront faire subir au sol. Ils permettront ainsi de ne construire les aqueducs définitifs en lavasses qu'après que le terrain aura pris sa stabilité définitive.

Le chemin de fer m'a fourni onze occasions d'employer ce système d'aqueducs triangulaires.

Il me reste à parler des dimensions générales qui se retrouvent fréquemment dans les divers ponts.

Ainsi, d'abord, la largeur du passage ménagé au chemin de fer.

Celle-ci, on le comprend bientôt, doit être sur les ponts plus petite que partout ailleurs : si l'on veut que les arceaux de tête reçoivent un rail sur leur aplomb, il faut supprimer presque la totalité des accotements ; sans cela, au lieu de quatre arceaux il en faudrait six, et les deux extérieurs n'auraient pour les voies de fer presque aucune utilité.

On satisfait aux diverses nécessités en espaçant les quatre arceaux de 2 m. de milieu en milieu, en leur donnant à chacun 0^m60 d'épaisseur, en faisant déborder de 0^m30 les lavasses du tablier sur l'aplomb de chaque tête, en plaçant sur le tablier, pour lui servir de coussin, une chape en mortier de 0^m10 d'épaisseur, enfin en complétant le passage et l'assurant par deux bahuts de 0^m40 de largeur, 0^m50 de hauteur ayant leur axe sur l'aplomb de chaque tête.

Alors la largeur entre les têtes se trouve égale à 6^m60, le vide entre les arceaux à 1^m42, l'espacement entre les bahuts à 6^m20 ; et leur couronnement dépasse de 0^m25 la face supérieure des rails.

Alors, si le convoi venait à dévoyer, il trouverait pour l'empêcher de sortir du pont un rebord de 0^m35, plus efficace qu'un parapet complet de 1^m00 d'élévation, dont le renversement serait facilité par la hauteur du point où il pourrait être choqué.

Alors le moyeu des roues et la caisse des voitures pouvant passer au besoin sur le bahut, les rails, sans cesser d'être assis sur un des quatre arceaux, peuvent recevoir tous les espacements que l'expérience indiquera, depuis 1^m40, plus faible que le minimum actuel, jusqu'à 2^m30, supérieur de 0^m15 à la voie du Gréat-Western, la plus large qui existe jusqu'à ce jour.

Alors enfin on pourra aisément construire successivement chaque couple d'arceaux, et établir chaque voie l'une après l'autre, ainsi que le commande l'organisation des travaux en deux périodes, qui nous a paru la plus convenable.

Dimensions fondamentales des viaducs.

Enfin, pour terminer, un mot encore sur les dimensions fondamentales des viaducs.

Lorsque le chemin de fer est dominant, le viaduc a, comme les ponts 6^m60 entre les têtes. Il a des arceaux, 8 m. d'ouverture et plus de 4^m50 de hauteur sous clef, toutes les fois qu'il traverse une route royale ou départementale. Il n'a qu'un tablier avec poutres d'appui, 4 m. d'ouverture et plus de 4 m. sous clef, s'il s'agit d'un chemin vicinal.

Lorsque le chemin de fer est inférieur, le viaduc est toujours en arceaux de 60°; il a 8 m. d'ouverture, plus de 4^m50 sous clef, et entre les têtes 5 m. ou 6^m60, selon qu'il s'agit d'un chemin vicinal ou d'une route.

Toutes ces dimensions sont supérieures aux prescriptions en usage dans l'établissement des chemins de fer.

FIN.

www.ingramcontent.com/pod-product-compliance
Lightning Source LLC
Chambersburg PA
CBHW050118210326
41519CB00015BA/4016